凭自己的努力，
去过自己想要的生活

十三夜 / 著

天 地 出 版 社
TIANDI PRESS

图书在版编目（CIP）数据

凭自己的努力，去过自己想要的生活 / 十三夜著. —成都：
天地出版社，2019.1（2019年重印）
ISBN 978-7-5455-4318-6

Ⅰ.①凭… Ⅱ.①十… Ⅲ.①成功心理—青年读物
Ⅳ.①B848.4-49

中国版本图书馆CIP数据核字（2018）第248043号

凭自己的努力，去过自己想要的生活

PING ZIJI DE NULI, QU GUO ZIJI XIANG YAO DE SHENGHUO

出 品 人	杨　政
著　　者	十三夜
责任编辑	张秋红　孟令爽
装帧设计	思想工社
责任印制	葛红梅

出版发行	天地出版社
	（成都市槐树街2号　邮政编码：610014）
网　　址	http://www.tiandiph.com
	http://www.天地出版社.com
电子邮箱	tiandicbs@vip.163.com
经　　销	新华文轩出版传媒股份有限公司

印　　刷	天津文林印务有限公司
版　　次	2019年1月第1版
印　　次	2019年7月第2次印刷
成品尺寸	145mm×210mm　1/32
印　　张	8
字　　数	162千
定　　价	45.00元
书　　号	ISBN 978-7-5455-4318-6

咨询电话：（028）87734639（总编室）
购书热线：（010）67693207（市场部）

每一次努力，
都是幸运的伏笔

青春，这个每一次提及，都会让人热泪盈眶的词语，此时让我同样红了双眼。这一路走来，我又何曾不是磕磕碰碰，不是跌跌撞撞？

不记得有多久了，我没勇气再写点什么，直到有一天，我鼓起勇气写了几篇文章发布在简书以后，非常幸运地遇见了这本书的编辑，我喜欢称她为M小编或者M姐姐。像遇见伯乐一样，我被她发现，她给了我更多的鼓励，像知己一般，她欣赏我的文笔，欣赏我的小才华。我终于相信，这个世界上，你总会遇见你的幸运，哪怕在这之前，你过得有点那么不尽如人意。

渐渐地，我写的那些文章开始被一些公众号转载，也被一些微博大号转载。当我看到那一篇我写的阅读量超十万的文章时，当我收到了许多读者的留言和鼓励时，那一瞬间，我才明白了我坚持写作的意义，那是因为心底的那份坚持与热爱。

我找到了一个把自己与外界联系在一起的桥梁，我不再孤单，也不再彷徨。从开始不一样的尝试，到越努力越幸运，我的每一点进步都是读者有目共睹的，我很开心，能够和我的读者一起成长。

　　这个夏天，对梦想的坚持让我更加坚定了写作这条道路，我想，多年后的十三夜，可以骄傲地对自己说，大学这四年我没有辜负自己。

　　我将这本书作为梦想的起点，开始我未知的道路，也期望，在未来，能够遇见那个足够美好的自己。

　　每个年轻人都是一只渴望飞翔的孤鸟，哪怕受过伤，跌碎过翅膀，也要将悲伤藏匿起来，像不曾受过伤一样去飞翔。

　　不要害怕，我也曾像你一样在深夜里痛哭流涕，我也曾像你一样站在青春的十字路口不知所措，我也曾像你一样一个人面对伤痛彷徨无助。

　　但是，我们还年轻，有什么好畏惧的呢？青春不就是一边跌倒，一边成长吗？你总会遇见那个对的人，你总能够过上你想要的生活，你期望的那一切，岁月总会让它如约而至。

　　在这之前，你要好好努力，好好奋斗，你要不慌不忙，你要学会坚强，学会耐心地去等待。

　　海明威在《永别了，武器》里说："生活总是让我们遍体鳞伤，但到后来，那些受伤的地方一定会变成我们最强壮的地方。"

　　我相信，所有为梦想坚持的人，必将势不可挡。

ONE

岁月它不会辜负你，
它只是来得晚一些

——

CONTENTS
目 录

TWO

哪怕生活让你遍体鳞伤，
也不要对自己投降

—

THREE

每天给自己一点正能量

—

FOUR

成功没有捷径，
现在努力还能行

FIVE

不迷茫，
活成自己喜欢的模样

—

比我差的人还没放弃，

比我好的人仍在努力，

我就更没资格说"我不可以"！

ONE

岁月它不会辜负你，
它只是来得晚一些

30岁，还未功成名就

◣

I

我看着镜子里的女人略显疲惫的脸，有些发白的唇，我伸手与她合掌，却再也找不到17岁的痕迹。

楼下传来母亲的声音，"十三，你吴阿姨给你联系了一个相亲的对象，对方据说是公务员，才40岁，还没有结婚呢！听说他家赶上拆迁，得了一大笔安置费，够买一栋大别墅呢！你嫁过去也有个落脚处，我说你别磨磨蹭蹭的可以吗？"

"又是相亲。妈，你就那么迫不及待地要把你女儿嫁出去吗？"

"我说十三，你一个30岁的姑娘，还在这里倔什么，隔壁王阿姨家的女儿，孩子都快上小学了，你林叔叔家儿子的媳妇也怀孕了。你看你，都30岁了，不结婚不说，连个对象都没有，你这是不想让你妈活了吗？"

"妈，你说对方一公务员还是一个拆二代，我和他能有什么感情？那人头发估计都掉了一半吧？40岁了还没结婚呢，想想就够可怕的。"

我妈一听，可不乐意了。"十三，你是想要气死你妈吗？"

"妈，我还要上班，我先走了。"

我抓起包包，逃出家门，就像岸上的鱼被重新放回海里一样，终于可以自由呼吸了。

30岁不结婚怎么了？难不成不能活了？凭什么让我为了结婚而结婚？对于结婚这件事，我真的一点儿也不想将就。

II

我叫十三，在一家外企上班，刚升了人事部经理，工资刚好能养活自己，月末还能存上一部分，日子吧，也还可以，虽然普通得不能再普通。像我妈说的，我就是一个三十岁还没有嫁出去的老姑娘，在许多人眼里，我们这一类姑娘都是"剩女"，如果有钱，就是"黄金剩女"，非要按财富来排的话，我最多也就是一个"废铁剩女"。

其实，我也不是一直都是单身。三年前，我27岁，准备和未婚夫结婚，但结婚前一晚看到他和我的闺密滚床单，当时我目瞪口呆，忘了怎么去争执。那个贱男人一直说："十三，对不起，是我一时鬼迷心窍，才经受不住诱惑。"

出轨的男人就像掉在屎上的钱，捡也不是，不捡也不是。

看着他那张脸，我终于忍不住甩了他一巴掌。闺密在一旁矫情地说道："亲爱的，她居然打你？"

我生气地说道："打的就是他，贱男人。还有你，看什么看？看在曾经友谊一场的份上，我今天就不打你。还有，从今天开始，你们最好别出现在我眼前，不然见你们一次，我就打一次。"

那个男人捂着脸看我，狠狠地说道："十三，你就是个男人婆，你看你，不温柔，还这么蛮横无理，谁会愿意和你结婚！"

我火冒三丈，说道："当初是你眼睛瞎了，而我就当被狗咬了，再见！"

说完，我就跑了出去，不管在他们面前我显得多么强势，可是那一天不知道为什么，我有一种落荒而逃的感觉。回去一个人哭了许久，不是为他，而是因为自己的不值得。

那些年，和他一起度过的青春，现如今，都成了浪费。

有人说，遇见真爱的几率就像见鬼一样，可我也想见见"鬼"啊！

Ⅲ

除了被未婚夫劈腿，我的工作也出了问题。那会儿我是做销售的，第二天，当我回去工作的时候，同事告诉我，我被一个新来的抢了单子。我气不过，问："是谁？"一看是一个嫩得跟水蜜桃一样的姑娘，估计是刚参加工作的，说话声音娇滴滴的，见到领导就会拍马屁。

因为错过了单子，领导让我写检查报告，还要罚我半年的奖金，我真的觉得很冤枉，一气之下，我辞职了。不干就不干，就是咽不下那口气。同事劝我不要任性，我还就是任性了。

我虽然辞职了，但好在工作也有好几年了，存款也还是有一部分的，不至于饿死。

那天，我一边在路边吃麻辣烫，一边喝啤酒，最后我还是哭了，已经分不清是被辣椒呛的，还是因为觉得自己太委屈。

总之，那是我哭得最惨的一次。

最后，我是被表哥带走的。第二天，感觉有人在叫我，我一看，是我表哥那张好看得令已婚妇女都想出轨的脸。

"十三，你起来打扫打扫卫生，看你把我家弄成什么样子了，你一个姑娘家大晚上在路边喝得烂醉，多危险啊！"

我说："表哥我失业了，你就不能可怜可怜我吗？"

表哥懒得理我，丢给我一面镜子。他说："十三，你还是好好照照镜子，看看你现在成什么鬼样子了。"

我一照镜子，差点忍不住尖叫，镜子里的女人头发乱糟糟的，眼睛像熊猫眼，脸色就像大妈，真的是不忍直视。

表哥看我惊讶的样子，忍不住丢来一句："十三，你好歹也要有一个女人的样子啊！"

从那天开始，我像疯了一样开始减肥，每天天没亮，就出去跑步。我妈还以为我因为失恋受到了严重的刺激，精神失常了。我还跟朋友请教了一下美容方面的知识，开始把护肤品、化妆品什么的往脸上一通抹。折腾一段时间后，瘦下来十斤，也会化淡妆了，我开始喜欢往嘴巴上涂复古红颜色的口红。

镜子里的女人，年轻而美丽，有一种说不出的精致。原来，我还年轻。原来，我可以这么美丽。

IV

我重新找了一份工作，因为工作努力得就像拼命十三郎，领导很看中我，很快我就升了职。

一眨眼，三年过去了，那个贱男人的孩子都一岁了，每次看到我的时候，他都是一副愧疚的表情，仿佛他抛弃了我，就没有人再要我一样。

我开始怀念校服时代的青葱岁月，那个时候的十三，是一个热血沸腾的小姑娘，憧憬着自己的盖世英雄能够驾着七彩祥云来娶自己，憧憬着自己能够去大城市打拼，憧憬着自己能够成为一个女强人，像电视剧里演的一样，穿着最新款的衣服，过着严酷却有挑战的职场生活。

多年后，我才明白，17岁那一年做过的梦，太过轻薄，风一吹就散了。

现实早已把自己的棱角磨光，曾经约好要一起同行的人，早就各奔东西了。

生活除了诗与远方，更多的是雨雪风霜，梦想早已消失殆尽，剩下的只是对生活的一声微微叹息。

V

30岁，我还未功成名就；30岁，我还在打拼；30岁，我还在路上。

叔本华说，所谓辉煌的人生，不过是欲望的囚徒。尼采说，但凡不能杀死你的，最终都会让你更强大。

我想，又有什么是值得害怕的，生活无非就是一步一个脚印地、踏实地过下去，梦想之火只要还有燎原的可能，就不该让它熄灭。

我开始能够勇敢地面对30岁的自己，我开始明白，生活不会辜负你，除了你自己。也没有人能够阻止你追求什么，因为除了你，没有人比你更了解自己。

30岁，虽然还未功成名就，我却多了一份平和、一份智慧，我开始诚实地面对自己的内心，我还想遇见那个对的人，还想过上自己喜欢的生活。无论爱情还是生活，我都不愿将就。

生活的高手，
都会让自己变得日渐出色

◺

I

小时候，去姑姑家玩，每次去都要住上好几天。姑姑给我收拾好的房间特别整洁，被单、床单都是干干净净的，被子也叠得很整齐。可是，等我住上几天，那个房间就会变成乱糟糟的模样，让人不忍直视：被子不叠，乱作一团塞在床的一角，衣服一件一件散乱地丢在凳子上，床单上还有我吃的瓜子壳和薯片碎屑，因为我最喜欢躺在床上，一边吃零食，一边看电视剧。

第一天，姑姑没说我什么。到了第三天下午，姑姑终于忍不住爆发了。她说："十三，你一个小姑娘干干净净的，怎么把房间弄得乱七八糟的，你将来嫁到别人家，人家会怎么看你啊？"

我说："姑姑，我这不是还没嫁人呢嘛。"我撇撇嘴，表示着我的不满。

姑姑不开心了，有些生气地说："十三，你不要一副无所谓的态度，你是个女孩子，就要过女孩子该过的生活，不管里里外外，都要干干净净的，特别是你的头发，乱糟糟的，应该去理发店剪一剪了。还有你的房间，要是在吃饭之前还没有打扫干净，你就别吃饭了。你要是不开心，你想去谁家我都不拦你。"

那时候，我十几岁，还没学会过自律的生活，还有很多不良的坏习惯。听了姑姑的话，我拿起扫帚把房间打扫干净，又拿拖把把地拖了几遍，把被子叠好，衣服也叠好。

到了快吃晚饭的时候，姑姑看了一眼我的房间，说："十三，你不是不会做这些事，你就是懒。小小年纪，要学会手脚勤快，现在去把冰箱里的菜拿出来捡一下，洗一洗，我们炒炒菜就吃晚饭了。"

姑姑看我捡菜笨手笨脚的，又过来教我，韭菜要怎么挑选，青菜老的部分要怎么去掉……平时的姑姑看起来又干练又麻利，有些严肃，可是在那一刻，我觉得姑姑特别的温柔。她在生活的细节里，教会了我作为一个女孩子要养成的良好的习惯。

II

有一次，我去堂姐的夫家伺候堂姐坐月子。整整一个寒假，我都和他们住在一起。

堂姐的婆婆是一个女强人，事业做得很出色。看到她家的厨房，我简直惊呆了，感觉就像看到电视剧里的厨房了，不像乡下的的厨房那样，堆满了杂物，随时都有把东西碰倒的可能。堂姐夫家的厨房，所有东西都被整理、收纳得很好，就连做饭用的燃气灶都光洁如新，而不是布满油污。厨房的地板也不是油腻腻的，跟客厅的地板一样干净。

后来，和堂姐的婆婆熟了，她也喜欢教我一些关于厨房的事。比如：做菜不用做得很多，可以每一样做得少一点，但种类可以多一点；少用猪油，多用菜籽油。在乡下，人们做菜的时候很喜欢用猪油，反而不喜欢用比较便宜的菜籽油；炒菜的时候喜欢炒一大盘，吃不完第二顿热了又吃。其实，这样并不好，长期下来，会影响健康和营养的吸收。洗碗的时候不一定要用洗涤剂，用热水就可以，有时候可以加点苏打去污，把碗洗好以后，可以用干净的抹布把水擦干，再放进碗柜。厨房的地板用一块抹布擦，不要用拖把拖，虽然厨房的面积小，但也容易藏污纳垢，用拖把拖反而容易越拖越脏。

原来，这些在生活中容易被忽视的细节，都大有乾坤。一个能够把生活过得井井有条的人，一定是特别出色的。

堂姐的婆婆年近50，看上去却只有40岁左右，身材保养得如同一个20多岁的女孩一般，纤细苗条。在她家的客厅里，总是有一个开水壶一样的煮东西用的厨具，她经常会煮一些凉茶或者红枣汤，时不时弄一些养生的饮品喝。

除此以外，她还有一套紫砂壶茶具。晚饭后，她会沏壶茶喝，有时候也会在房间里焚香冥想。她说，现在的人太浮躁了，时不时地静下心来坐下冥想并调整呼吸，有助于调节心情。

在姐夫家店铺工作的娇娇姐也经常会来家里吃晚饭。有一次，刚好我们几个年轻的女孩都在，娇娇姐刚买了一件新衣服，问我们好不好看。堂姐的婆婆正在喝茶，于是和我们聊了起来。她说："我发现年轻女孩子特别喜欢买衣服，款式颜色也是花样百出，其实，衣服不用买那么多，可以多攒点钱买几件好的，特别是品牌的，那样穿着显得有品质感，又不容易过时。"

之后，堂姐的婆婆带我们去看她的衣橱，衣服并不多，她拿出几件大衣跟我们说，那都是她十多年前买的衣服了，可是看上去一点也不像，无论款式还是颜色，都没有过时的感觉。她还和我们说了一些搭配的知识，比如，个子高的，可以穿长款大衣，简单款的，会显得很有气质；个子小的，可以穿短裙搭配小皮鞋，那样会显得腿修长……在与她的聊天中，我们又上了一堂关于美丽的课。

III

我的二伯，尽管退休了，却越来越喜欢自己动手种一些蔬菜，有时候还种水果。有个假期回家的时候，我们吃了好多他种的紫心的火龙果，又甜又新鲜。

记得还在读中学的时候，我去他家，特别喜欢他家的书房。那里有好多《读者》和《青年文摘》等杂志，几乎每一期的都有，能排上两层书架。在他家的沙发上，我时不时地可以看见《道德经》

《老子》《论语》之类的书。原来曾经在中学任教的二伯不仅会教书，私下里也非常喜欢看书，喜欢学习。

每天晚上从8点到10点的两个小时里，他都要在书房看书学习，几十年从未改变过。后来，我终于明白了他常常说的一句话："人与人之间的差距，很多时候是在晚上这两个小时拉开的。"因为这两个小时很宝贵，有的人却浪费在看电视、打游戏或者玩耍方面。

二伯小时候的日子过得特别艰苦。上学的时候他总是吃不饱饭，于是在家里磨了米面带到学校用开水冲着吃，裤子破了也舍不得扔，补了又补。家里一个星期吃一顿肉，因为家里孩子多，一个人才分一块肉吃，每次吃肉的时候，口水都能流出来。他自知改变生活要靠自己，所以读书特别用心、特别努力，走再远的山路去上学都不怕辛苦。

几十年过去了，二伯家的生活条件越来越好。房子是庭院式的，在城里，院子很宽敞，可以停车。家里还有个小菜园，可以种蔬菜。二伯的儿子和儿媳妇的工作都很出色，一家四口，日子过得有滋有味。尽管这样，二伯却几十年如一日的朴素，他的衣服都是很普通的，并不追求什么大牌。现在退休了，又找了一份比较清闲的工作，尽管家里有车，他却还是坚持骑自行车上班。他曾经在中学任职，虽身居高位，却从不以权谋私，深受学生爱戴。他是我们小家族里最受尊敬的人。

我念初一的时候，家里很穷，我妈连我300块的学费都拿不出来，我妈让我别念了。当时二伯跟我妈说："你给她伙食费就可以，剩下的钱我出。"很多年过去了，我仍旧没有忘记我初一开学的时候，二伯给我交了学费和校服费，还经常把我叫去办公室，偷偷塞给我几十块生活费，让我不要告诉妈妈。

如果没有我二伯的帮助，也许我可能念不到大学。我特别感谢二伯，他在我学习、生活方面给了莫大的帮助。

以前，并不觉得这些有什么，如今长大了才明白过来，无论是我的姑姑还是二伯，或是堂姐的婆婆，他们都是在生活中能够让自己变得越来越出色的人。年纪再大，他们也不曾停止过学习。

IV

但凡那些能够把自己的生活过得很好，还能够去帮助指导别人在生活中进步的人，都是生活的高手。

那些生活的高手，在平凡的生活中，有着一颗最不平凡、最善良的心，像陈年佳酿，有着醉人的芬芳。

无论一个人的事业多么成功，无论一个人是单身还是有家庭，对于生活，都不应该马虎。岁月会将你的积累一点一点沉淀下来，最后沉淀出一颗珠子，闪闪发亮。

别幼稚了,
我们已经过了耳听爱情的年纪

I

和我关系最好的师姐,今年30岁。前几天,她跟我说这几年过得不错,一切源于25岁之后,她不允许自己再爱上"穷人"。

听了师姐的话,我说:"你说的就跟穷人有罪似的。"

师姐说:"你不觉得现在这个社会,年轻人很难一直穷吗?"

我问:"这话怎么说?"

师姐说:"只要稍微学点什么,用点脑子,生活稍微努力一些,就可以养活自己。在这个时代,还坚持穷下去的人,绝对不是简单的'穷'的问题了,尤其是男人,穷就说明这个人没有责任心,生活不努力,情商肯定还很低。"

我说:"可是一般人也必须拥有差不多的实力,才能跻身比自己高一个级别的圈子。"

师姐说:"但就算是卖炸洋芋的,人特别好,很会做人,他也能交到几个愿意帮他的朋友。"

师姐的话也许有些片面，但我突然想起一件事，去年一个好朋友和相处7年的老公离婚了。

为什么离婚呢？为了方便叙述，就暂称我的朋友为西瓜小姐吧。

西瓜小姐说，她和老公结婚后也一直AA制。在她25岁生日的时候，她和老公去一个高档的餐厅庆祝。晚餐结束的时候，她老公一直理所当然地等着西瓜小姐买单，西瓜小姐有些看不下去了，于是自己打开钱包付了款。

离开的时候，她老公问："亲爱的，你还生气呀？"

西瓜小姐看了老公一眼，无奈地说："没有啊！"

她老公说："是你要求吃人均400的啊，如果吃人均200的，我就会买单。"

其实，我觉得夫妻之间，如果只是因为这么点事，似乎就显得有些小题大做了。

西瓜小姐继续说，知道自己怀了孩子以后，她想去好点的医院生孩子，可是她的老公不同意，理由就是太贵了，他没钱。

生活中，西瓜小姐想要稍微好一点的东西，只能靠她自己。这个男人只是冷漠地站在她旁边，从来没有想过他们要过更好的生活，要给西瓜小姐更好的东西。

我终于知道她为什么要和老公离婚了。

II

西瓜小姐说："奔着结婚去谈恋爱，女孩子还是不要找太穷、没有上进心的男孩，除非你特别有钱，或者他和宋仲基一样帅，又或者这个人特别有才华。"

听了西瓜小姐的话，我感触很多。

是啊，穷不可怕，可怕的是男人没有上进心，因为不管你们多相爱，大米都是要花钱买的。一旦步入婚姻，女人再怎么要强，怀孕后期、生孩子、坐月子，你基本是无法出门工作的。如果你没有一个经济条件好的老公，事事亲力亲为，你很可能要患上很多月子病，以后时不时地就会腰酸背痛。而且，以后抚养孩子和孩子教育的费用都是问题。

而且这种很"穷"的男人一般都非常懒，这种懒不仅体现在工作赚钱上，他们在家也一样懒。

西瓜小姐说，结婚之前她真的没有想过老公婚后和婚前会是那么的不同。结婚前，为了追她还会为她洗衣服做早餐，结婚后一回家就倒头大睡，什么也不做。

西瓜小姐说，工作的又不是他一个，下班后她也很累，可是她老公只是等着她做饭，而且吃完饭也不洗碗。对于这个男人而言，似乎老婆做什么都是天经地义的。

西瓜小姐说，其实对于家务事女人多做一点没什么，可是作为她的老公，多多少少也要帮她分担一点，结婚又不是她一个人的事。最让人失望的是，西瓜小姐坐月子、带孩子，累得腰酸背痛，而她的老公却像没事人似地整天打游戏，也不帮帮忙，就算孩子哭了，他也不会去哄哄，不知道的还以为孩子不是他亲生的。

他们离婚的那一天，她的老公生气地说："你是不是嫌我穷才和我离婚的？"

西瓜小姐带着年幼的孩子，看了她的老公一眼，然后说："对啊，就是嫌你穷才和你离婚的。"

我似乎可以看见西瓜小姐在离开的那一瞬间，泪光晶莹，她所有的青春年华，所有的爱，早已被时光消磨殆尽。

"当初你觉得那个让你爱得死去活来、肝肠寸断、彻夜难眠的人，或许一觉醒来，你就再也心动不起来了。"

这是西瓜小姐和我说的最后一句话。

III

《新时代恋爱》里的郑海潮说："如果一个人说喜欢你，请你等到他对你百般照顾时再相信；如果他答应带你去远方，等他订好机票再开心；如果他说要娶你，等他买好戒指跪在你面前再感动。感情不是说说而已，我们已经过了耳听爱情的年纪。"

有人曾说过一句话："如果一段感情，没能把你变成更好的人，只是把你变得患得患失、喜怒无常，那真遗憾，你跟错了人。"

那么，什么样的爱情才是最好的爱情呢？

一次聚会上，我和几个闺密对这个问题争论不休。

橘子小姐说："好的爱情大概是互相亏欠吧！"

柚子小姐说："好的爱情大概是彼此忍让吧！"

青柠小姐说："好的爱情大概是势均力敌吧！"

我说："你们说的都很有道理。"

青柠问："十三，你觉得呢？"

我想了想，笑着说道："好的爱情应该是让自己迅速成长吧！"

几个闺密听了我的话，沉默了几秒钟，而后响起了热烈的掌声。她们说："不愧是十三，说得最贴切。"其实，我觉得大家说的都挺好的。

IV

因为每个人恋爱的观念不一样，所以，感受也就不一样。有人恋爱，是因为对方长得帅；有人恋爱，是因为对方对自己特别好；还有人恋爱，是因为人民币；有人因为孤单，有人因为寂寞……不管因为什么，爱情里的结果无非就是好的和遗憾的，好的莫过于一段感情让你有所成长，遗憾的莫过于彼此之间不得已错过。

爱你的人，不会舍得错过你，也不会让你苦苦等候。因为他知道，等待一个人是什么样的滋味。话又说回来，有几个姑娘希望自己的青春被等待耗尽？

那个不爱你的人，你以为只要等下去，一直对他好，你就能感动他；你以为，终有一天，你能够让他安心地守在你身边；你以为……其实那不过是你的以为。对于那个男人来说，你什么也不是，你的坚持，在他面前就是纠缠不清；你的努力，在他面前就是个笑话。你以为他偶尔的温柔是爱，其实，他根本不会喜欢上你。

你让他去闯去拼，以为他累了、倦了，他就会回头，就会想起你的温柔，想起你的好。事实上，他只会越走越远，不会回头。

V

我想我们有一天，不会再需要轰轰烈烈的爱情，我们只会想要一个永远不会离开自己的人。那个强撑着睡意，即使和你聊天到很晚也不会说自己困了的人；那个只要你随时和他说你困了，就可以让你安然入睡的人；那个不管你们怎么吵，第二天仍旧会和你和好如初，死皮赖脸也不会离开的人；那个能够欣赏你的漂亮和优雅，也能够包容你邋遢糟糕一面的人；那个表面嫌弃你，内心却对你不离不弃的人。

因为你们都不必担心，过了今晚就再也没有明天。

《左耳》里说："男生的誓言往往像甜而脆的薄饼，进入嘴里就会慢慢溶化，可是它又会迅速地潜伏进你的体内，占领你的心。"

感情不是说说而已，结婚也不是一时头脑发热，我们都期待幸福，都希望幸福能在岁月的长河里一直延续生长。多少女生经不起

男生甜言蜜语的诱惑，真的想提醒一句，别再幼稚了，我们已经过
了耳听爱情的年纪。

你不上别人的擂台，
就无所谓成败

I

若若姑娘问我："十三姐，我现在才大二，很迷茫，不知道本科毕业了是要工作还是要考研，现在的我，只要一想到这些事情，每天就心烦意乱。"其实存在若若这样的情况的并不是只有若若一个。若若算是一个代表，她们总是对即将来临但尚未来临的事情表现出过度的担忧。

我问若若："你是怎么想的？"

若若说："十三姐，我当然是想要考研了，但我觉得我肯定考不上，就算考上了，家里也拿不出那么多钱。"

我说："若若，你需要想清楚三个问题。第一，你对自己有没有信心，你相不相信自己能够把一件事情做好；第二，你太过担忧，你考上了研究生，钱的事情是可以想办法解决的，可是你的青春，你的机会很宝贵；第三，你努力了，但是你没考上，你是否能够有勇气面对那个你不想要的结果？"

当然，大学毕业不是只有考研升学这一条路，有去国外留学的，有自主创业的，毕业后也可以选择先工作，待经济基础稍微好点的时候再去读在职研究生。但有一点是确定的，那时的自己需要付出的会更多，可能是在学校时的好几倍，因为那个时候，我们既要忙着工作又要挤出时间准备考试。

我说："若若你现在读大二，应该先把专业课学好，再多去做一点自己喜欢的事，不要顾虑太多。你现在的情况就是过度担忧、过度纠结，你需要好好调整自己。"

不管是什么事情，都还没有去尝试、没有去做，怎么就知道自己不可以呢？为什么一开口就否定自己呢？

Ⅱ

在这个看脸的年代，似乎只有找到一个看上去帅气的男友才很有面子、很成功。

我的姑父长得实在不咋地，无论身高还是颜值，都只能算是偏下。可我姑姑不是啊，我姑姑年轻的时候貌美如花，有点韩国李英爱的感觉，工作的时候经常参加文艺活动，比如舞蹈排演。如果有领导去单位视察工作，姑姑绝对是担当礼仪接待的，漂亮又有范儿。

姑姑的身高和颜值都是无可挑剔的，我一直想不通姑姑怎么就找了姑父这样的老公，用我家亲戚在私下说的话形容就是"老丑了"。而且我的姑父不怎么爱笑，你喊他的时候，他总是慢半拍，不能及时回应，似乎他永远活在自己的世界里一般。

后来，和姑姑一起聊天，聊着聊着就说起了姑父，那天的话题是"男人是不是婚前婚后就不一样了"。姑姑用她十多年的婚姻生活经验告诉我，男人也有婚前婚后一个样的，比如我的姑父。

姑姑说，她年轻的时候，身边不乏追求者，当时有一个姑姑的追求者，据说是当时县长的儿子，在姑姑买一辆摩托车去上班都还要存很久钱的时候，那个县长的儿子就已经开着很拉风的跑车到处跑了。姑姑说，当时我奶奶她们都说，那个县长的儿子不错，家庭条件好，人也帅，但不知道为什么，姑姑就是没看上。

再后来，姑姑嫁给了现在的姑父，那个县长的儿子也有了自己的家庭。多年过后，姑姑和姑父的日子很美满，还生了一对龙凤胎。而那个县长的儿子据说出轨了，后来和老婆离婚又重新找了一个，反正是各种折腾，日子过得水深火热的。

姑姑说，她有很多朋友，当时嫁人都奔着好看的去，家庭条件好的去，但多数婚姻不幸福。也不是说人帅、家庭条件好的男的都会出轨，婚后都不幸福。姑姑说，这个东西很难说，但是要看人，像姑父虽然看着话少，但是心细，工作能力也强。姑姑和他吵架的时候，他从来不出声，等火气过了，再继续交流。

那一瞬间，我似乎明白了姑姑和姑父的相处方式，原来他们都懂得彼此谦让，心里都想着对方。原来，并不是找了一个看上去长得不咋地的男人就是失败的，就是不成功的，因为幸福从来不是靠颜值来衡量的。

并不是所有走向婚姻的人都能把婚姻生活经营好，日子不能拿来比较，你的每一天都是你的宝贵财富。有人从一种日子里学会反思，然后开始了新的日子。有人没有勇气开始新的日子，只能在现有的不快乐的日子里煎熬。生活，本来就无所谓成败，关键是自己过得幸不幸福。

III

当我还在图书馆默默地做着习题准备公务员考试的时候，一流大学里的一位闺密就已经顺利签好了工作。

有那么一瞬间，我感觉自己很失败，责怪自己当年没有好好学习，不然，如今就可以多一个机会，少一点辛苦。也许，我会是另一种人生、另一种情况。那个时候，我想，我的人生是不是很失败，我闺密是不是很成功？那么想的时候，难受得眼泪都快湿了双眼。但是，人生终究是没有如果的，也不能重来。

有时候，我们总是看到别人得到的，看到别人拥有的，却忽略了自己拥有的、自己得到的。其实，你们并不在一个擂台上，都有着各自的道路、各自的选择，何必与别人在心理上争一个高下，计较什么结果呢？因为你不上别人的擂台，就无所谓成败。

如今，虽然我没有像我闺密那样能够获得一个顺利的签约工作的机会，但至少我可以选择自己去奋斗，去争取机会。你若真心想要飞翔，就没有什么能够阻止你。能够把自己的路走好，认真做好一件事，不也是一种成功吗？

幸福来得晚点没关系，
只要是真的

◢

I

成功并不会一蹴而就，爱情和友情也一样，不是想有马上就能有的，真的是可遇不可求。有时候，我们急着想要得到一个结果，却忘了眼前的才是风景，才是诗。若不是在时间的见证下，又怎么知道这份情是否经得起岁月的洗礼，闪耀着最质朴的光辉？

和婷婷认识的那一年我14岁，刚念高中，调皮得不像话，上课吃零食、看言情小说，给老师取外号，下课和男生打闹争吵。和婷婷怎么打成一片的，时间太久，记不太清楚了，但我记得，我和她一起分享着好吃的小零食，分享着彼此的心事，周末的时候她邀请我去她家玩，我和她住一个房间，睡同一张床，我们一起讨论着明星八卦。

后来没有想到，这段友谊维持得那么短暂，友谊的小船说翻就翻。事件的起因好像是因为一个男生，那是当时班里最帅的一个男生。记不清楚是如何争吵起来的，只记得当时两败俱伤，曾深夜流泪，难过不已。

II

生活好像总是藏着一个又一个的惊喜，你不知道，接下来又会邂逅什么样的惊喜。

很多年后，在一个商场的楼下，我遇见了婷婷，她挽着一个女生，像是闺密，看到我有些意外。她主动和我打招呼。

"十三，你怎么还是那么瘦，我是放个假回家就胖上七八斤。"

因为婷婷以前和我一样瘦，我笑了笑，说道："我是怎么也吃不胖。你们也来逛街？"婷婷笑："是呀，没想到还能遇见你，放假来我家玩呀，我做饭给你吃。"

我说好，简短的告别之后，我又继续我的行程。只是那一瞬间，隔着那么多年，我和婷婷之间似乎没有争吵过，没有决裂过。

后来，婷婷要到了我的联系方式，加了我的微信。她说："十三，我要和你说一声对不起，迟到多年的道歉，希望你能原谅我。那时候，我太小，不懂事，说的话不经大脑，没考虑过你的感受。"

我说："我也要说声对不起，那个时候太小，总是爱面子，如果早点和你说对不起，也不至于纠结了这么多年。"

婷婷说："我们以后还是好朋友哦！"

我说："是，一辈子的好朋友，好闺密。"

婷婷说:"那说好了,以后我们还是好姐妹。"

那一刻,我的心忽而涌起一股暖意。

年少的时候,我们总以为全世界都与我们为敌,只是没有想到,总有一天,我们也会与这个世界握手言和。

III

我的小姑姑,年轻的时候有一份很不错的工作,做小学老师,嫁了一位事业单位的男子,还生了一个帅气的儿子。日子过得还是可以的,但不知道为什么,我的小姑姑却喜欢上了搓麻将。不做饭,不好好工作,不好好带孩子,一有时间就喜欢去麻将桌上耍。小娱小乐还好,哪知道发展到好赌成性,借了好多高利贷,最后把工作丢了,和丈夫也离婚了。

小姑姑意识到自己的行为造成了严重的后果的时候,到处都是追债的,小姑姑为了躲债,逃到了外省,离家几千公里。就连我爷爷过世,她也不能回来。据说爷爷在电话里听到了小姑姑的声音后才合上了双眼。

小姑姑的儿子想妈妈想得总是哭闹,可是大家也没有办法。小姑姑一去外省就是很多年,从一个事业单位的人变成了一位流动打工者,后来嫁了一个东北汉子。再后来,小姑姑在外省赚了钱,终于把债还清了,和那位东北汉子过着自己的小日子,寄回来的照片笑容灿烂,日子也算步入了幸福的轨道。

我大二的时候，小姑姑回来过一次，把那位东北汉子也带回来了。小姑姑时不时就发脾气，还骂他，但他似乎一点也不生气，只是嘿嘿地笑着。

我问："姑父，你不生气吗？小姑姑脾气可臭了。"姑父嘿嘿一笑："你小姑姑就那样了，下午我给你们做蒸茄子，也让你们尝尝我们那边的味道。"我说："好啊！"

不久后，听奶奶说，小姑姑已经不能生育了，小姑父却不在意，依旧开心地过着他们的小日子。那个瞬间，我在心里感叹，姑姑折腾了一整个青春年华，在徐娘半老的时候却邂逅了一份最温馨的幸福，这才是真爱啊！

我以前的姑父也娶了新的妻子，又生了第二个孩子，他和我的小姑姑都各自过上了新的生活。

我当时觉得，小姑姑就是不作不死，非得把好好的家庭、好好的日子弄得乱七八糟。可是，回过头来想想，谁又能保证自己在生活里不会犯错？

以前，我也会问自己："什么才是幸福？"

那个时候，以为功成名就，家财万贯才是幸福；那个时候，以为拥有轰轰烈烈的爱情才是幸福；那个时候，以为能去远方就是幸福……我想了种种关于幸福的可能。但似乎却忘了，幸福并不遥远，它就在我们的身边。也许它会来得晚一点，但只要是真的，那么，过程再曲折又有什么关系呢？

　　愿你我，都能在不经意间，感受俗世的烟火，感受生活的温
度，邂逅一份迟到的幸福。

一切明白得都不太晚，
就会邂逅幸福

I

我出生在南方的一个村子里，姥姥告诉我，我的母亲因为难产而过世，我生下来的那一天，村子里遇见了几十年来的大丰收，所以姥姥为我取了一个好听又应景的名字叫夜暖。

我生下来的时候，哪里都好，最奇特的地方是我的左眼下方有一颗浅浅的滴泪痣，随着年纪的增长，越来越清晰。

村子里有个老人说："面带滴泪痣的女孩，天命煞孤星，一世孤苦，半世飘零。"我从来不信，我比较相信姥姥告诉我的，她说："囡囡，你的滴泪痣是你前世爱人流下的眼泪，好在今生遇见你。"

那时候，我还小，我仰起头，天真地问道："姥姥，你说，我的爱人会找到我吗？"

"是啊，囡囡的爱人会找到你，还会给你幸福。"

那时候，我也不懂爱，只是觉得爱是一件快乐的事情。比如，姥姥就很爱我。

16岁的时候,我已经长成了一个活泼开朗的姑娘。可喜的是,我并没有因为从小没有母亲的疼爱而性格孤僻,相反,我很淘气,小时候跟着村子里的小伙伴掏鸟蛋,去河里抓鱼,把裤子弄脏、弄湿,回到家的时候总是被姥姥嫌弃。她说:"囡囡,你怎么像个男孩子一样啊。"

我总是委屈地说:"姥姥,我不是男孩子,你看,我有麻花辫。"小时候,姥姥喜欢给我扎两个辫子,我可喜欢了。

II

我念高中的时候,班里有一个好看的男孩子,他有一个好听的名字叫冬至,我喜欢喊他小冬哥哥。他成绩很好,但对我总是爱理不理。可我一点也不生气,我会把姥姥给我买的棒棒糖分给他一个,直到他收下为止。

我的好朋友小鹿说:"夜暖,你怎么脸皮这么厚?人家都不理你,你还对他好。"

我看着小鹿说:"没关系啦,我觉得小冬哥哥挺好的啊,你看他,成绩又好,他的衣服也干净。"

我的努力没有白费,在我给冬至第99个棒棒糖的时候,冬至终于理我了,还听我喊了他一声小冬哥哥。

考数学的时候,我不会做,冬至坐在我的邻桌,我偷偷看他的答题卡，"ABDAC"，最后一个到底是"C"还是"D"，我好像没有看清。冬至发现了，比了一个4的手势，我立刻明白了是"D"。

考完试，冬至说："夜暖，你怎么这么笨，抄个答案也不会！"

我看着冬至，只会"嘿嘿嘿，嘿嘿嘿"地傻笑。

夏天快要结束的时候，学校传来了分班的消息，冬至读了理科，我选了文科。但这并不影响我跟着冬至混，我依旧会把姥姥给我买的糖果分给冬至吃。

渐渐地，冬至对我也不再是爱理不理的，去玩的时候，他会叫上我当他的跟班。虽然只是个跟班，我也很乐意。

就在我咬着一个棒棒糖想着是要咬碎还是要吐掉的时候，小鹿过来了，她说："夜暖，要不要去看他们打球。"我往小鹿指的方向一看，好像是冬至所在的理科班和其他班在打篮球赛，这么精彩的场面我怎么能错过。我把嘴里的棒棒糖咬碎咽了下去，小鹿一脸嫌弃地看着我说："夜暖，你都几岁了，每天都要含着一颗糖，你也不怕冬至嫌弃你。"

我说："好像是你在嫌弃我啊！"小鹿丢给我一个白眼。

我还没有走到围观的人群中去，就感到一个不明飞行物向我砸来，我还来不及闪躲，那个飞行物就砸到了我头上，我痛得大叫："什么鬼！？"

小鹿说："是篮球啊，夜暖你没事吧？"

"有事我还能站在这里吗？可是，好痛啊！"

那天我没有心思再去看篮球赛，捂着脑袋去了医务室。

III

高二快要结束的时候，我总感觉自己对冬至有一种说不清道不明的感觉。

小鹿说："那是相思病，你可能喜欢上冬至了。"

我看着小鹿说："我也很喜欢你啊。"

"你这个笨蛋。"小鹿拍拍我的头。

可是，我的喜欢还没有说出口，冬至就和一个理科班的女生谈恋爱了。

我吃着眼泪泡饭的时候，小鹿说："夜暖，世界上好男人多了去了，不要吊死在一棵树上。"

我怒气冲冲地去找冬至，冬至却感觉莫名其妙。

"你不是说你高中不谈恋爱的吗？"

冬至不说话。

"你不是说要陪我一起过完高中的吗？"

冬至不说话。

我没有勇气再问下去。

我和冬至冷战了许久，很快，我们就高考毕业了，冬至和我去了不同的城市。

难过了一段时间以后，我又恢复元气了。两年后，我又见到了冬至，那一瞬间，我发现我还是忘不了冬至。

我说："冬至，我们在一起吧！"

冬至点点头，我高兴地流下了眼泪。

我们真的在一起了，我的世界终于百花齐放。原来，我等了冬至五年。

我和冬至好不容易才走到一起，我们是异地，但感情很好，大四的时候，冬至决定创业，而我决定读研。

我曾经很期待一场从校服到婚纱的恋爱。虽然没能从校服到婚纱，但我可能会和冬至蜗居在家乡的小镇里，过着简单却又幸福的生活，一起努力打拼，生一个可爱的宝宝，从此，厮守到老。

曾经，我以为冬至就是我这辈子最爱的人，此去经年，哪怕颠沛流离，我也不会再爱上另外一个人。

可是，我却遇见了流星。

IV

流星是个北方男孩，大我7岁，他从北方来到南方，来到我们学校工作。

他是我的研究生导师，还有双学位，写得一手好书法，功底深厚。

很多女学生都偷偷暗恋他，我想不通，流星无非就是年轻一点，长得好看一点，就那么招人喜欢吗？

也不知道是从哪一天起，一切都不再一样，是他在我身旁耐心地指导我的时候起吧，我被他的温柔与认真迷得无可救药。

我总是借着学习的理由，偷偷约流星见面。

夜色温柔，他在我的对面坐下，安静得像是一幅画。他看我的眼睛，不带任何感情，而我的心却早已千回百转。

那一刻，不知道为什么，我有些难过，我说："老板，我要一杯白酒。"

流星看着我说道："女孩子，喝酒不好！"

我说："今天高兴，就喝一口。"

接过白酒，我忍不住喝了一口，呛得我面红耳赤，咳嗽不止。流星赶紧拿白水给我。

流星说："你不会喝酒还逞强。"

我把白水一大杯喝下去，赶紧说："老师，谢谢你！"

流星说："不用客气。"

离开小店的时候，流星被一个奔跑的人撞了一下，手里的手机被摔到了马路另一边。我跑去帮他捡手机，我拿起手机开心地在马路对面朝他喊："老师，幸好……"

我的话还没有说完，只听到刹车声和流星说"夜暖，危险"的声音，还有街上吵闹的声音，我晕了过去。

V

我陷入了长长的梦境……

我梦见了小时候，梦见了和冬至的所有，梦见了流星，梦见了他的婚礼，梦见他取了一个温柔又美好的姑娘。我去参加他的婚礼，在一旁，静静地看着他，时间仿佛静止了。

醒来后发现，我在医院的病床上，流星坐在一旁，流星说："夜暖，你终于醒了。"

我问："老师，我怎么了？"

原来我只是被车撞了一下，并没什么大事，但因为惊吓过度晕了过去，流星把我送进医院，守了我几个小时。我看着他，突然笑着哭了起来，我说："老师，我以为我快要死了。"

流星说："夜暖，哪有什么死不死的。"

我看着面前的流星，想起了泰戈尔的那几句诗：

世界上最远的距离／不是树枝无法相依

而是相互瞭望的星星／却没有交汇的轨迹

世界上最远的距离／不是星星之间的轨迹

而是纵然轨迹交汇／却在转瞬间无处寻觅

流星说："夜暖，你还有一辈子，还有好时光，老师相信你，你是一个清楚自己应该做什么不应该做什么的女孩，加油，以后会更好的。"

　　听着流星的话，我明白了，原来我对他只是爱慕，不是真正的喜欢，但我能够遇见他是多么幸运，经他鼓励，让我更加坚定了自己。

　　而我的冬至，肯定还在等我，而我，应该更努力一些，去奔赴属于我的幸福。

　　原来，成长就是直到一场失意之后，才会明白什么才是最值得去努力的，我们总是在受伤过后才更加清楚什么是最重要的。

　　梦醒，流星还是流星，夜暖还是夜暖。

　　多么庆幸，一切明白得都不太晚。

TWO

哪怕生活让你遍体鳞伤，

也不要对自己投降

出身贫寒并不可耻，
可耻的是你贫寒的心

◣

I

我念高中的时候，听说了一件事，至今还让我心里很不是滋味。

那件事情的主角是一个叫作小A的姑娘。其实，我和她不是很熟，我只是经常在校园里见到她，比如去食堂吃饭的时候，她总是很张扬地要两个鸡腿，打好几个素菜，声音喊得很大，让周围的人忍不住注视她。

那个时候，我一周只敢吃几次肉，很多时候都是打两个素菜，打一碗免费的汤就着米饭解决一顿午饭。

我很羡慕吃饭的时候能够打两只鸡腿的小A姑娘。小A姑娘长得不是很高，微胖，脸蛋清秀，穿着却很时尚，打扮也很时尚。那时候，我们同龄的女孩都是用黑皮筋扎一个马尾，而小A姑娘，却烫着女学生心中很羡慕的梨花烫。

小A姑娘吃饭的时候就坐在我们邻桌，我们经常看她的餐盘里剩着没有吃的素菜还有完整的一个鸡腿。有一次，她旁边的一个女生问她："你怎么要了两个鸡腿却剩一个，你看你还有好多菜没有吃完呢，你不吃了吗？"

小A姑娘看看旁边的同学，说："哎呀，我忘了我最近在减肥呢，而且食堂里的鸡腿没有肯德基的好吃。"

旁边的同学惊讶道："肯德基呀？好不好吃，贵不贵啊？听说很出名呢。"

小A姑娘一脸得意地说："还好吧，七八十元就能吃得很好。"

"那么贵，我一个星期的生活费都没有那么多呢。"旁边的同学说。

"还好吧，你家怎么才给你那么点生活费，你家是不是很困难？你可以去申请困难补助啊！"

旁边的同学听着小A姑娘的话，不知道要怎么回答，眼里蒙了一层雾气。

小A姑娘一句随便的话，却伤了那个同学的自尊。

Ⅱ

坐在我旁边的朋友有些看不下去了，小声说道："十三，你看，那女孩就是不作不死。"

"你小声点，她听见了就不好了！"我安慰朋友。

朋友又小声吐槽一句："不就是有几个钱，有什么了不起的，吃不了还打那么多菜，简直就是浪费。"

听着朋友的话，我没有反驳，小A姑娘确实是在浪费食物。从小父母和老师就跟我们说，要爱惜粮食，浪费是可耻的，而小A姑娘并没有因为自己的行为而感到羞耻，似乎她根本就没有意识到自己的言语和行为有什么不妥。

再后来，我们又听说了一件让我们更震惊的事。原来，小A姑娘家境贫寒，不像我们看到的那样有钱。她的父亲在一次大火中为了救人把自己的脸烧伤了，看起来很丑也很吓人。

小A姑娘的父亲对她特别好，经常拿着水果来学校看她。小A姑娘的父亲穿得很寒酸，一双普通的布鞋，还破了几个洞，而小A姑娘却穿着一双NIKE的新款。小A姑娘觉得很丢脸，于是对同学们说，那是他爷爷，不是他父亲。时间久了，同学们都以为那是小A姑娘从乡下来看望她的爷爷。

有一次，小A姑娘因为贫血在教室里晕倒了，吓得老师和同学赶紧把她送去医院。小A姑娘还没有醒来，她的父亲就赶到了，一脸着急地问："老师，我女儿怎么样了？严不严重啊？"

旁边的同学的惊讶地问："叔叔，你不是小A的爷爷吗？她怎么变成你的女儿了？"

小A的父亲感觉很奇怪，于是说道："小A的爷爷几年前就过世了，我就她一个闺女。"说完，小A姑娘的父亲一脸尴尬的模样。

有个同学说："叔叔，怎么会呢？"

小A的父亲接着说，他在一次大火中为了救人，脸被烧伤了，被救的那家人为了感谢他，给了他一笔钱。除了治伤以外还剩不少，都存给小A做零花钱了，好几千块呢，都够小A一个学期的生活费了。那一刻，大家终于明白小A为什么能够穿着新潮、打扮时尚，去食堂的时候还能要两个鸡腿了。

III

原来，小A姑娘一直在用自以为是的方式维护自己的尊严。

我想起生活中的许多姑娘，出身贫寒，却自强不息。大学里一个学姐，来自大山深处，父亲很早就去世了，只有母亲一个人把她和弟弟拉扯长大。

学姐很争气，是他们家几代以来唯一一个考上大学的女生。学姐上大学的学费靠贷款，上大学以后没有跟家里要过一分钱。她一个人除了上学还要打两份工，每个月还要省出几百元寄给老家上初中的弟弟做生活费。学姐就两双布鞋换着穿，穿到烂为止。

学姐舍不得买很贵的护肤品，就是一瓶大宝也是省了又省地擦。学姐不仅英语过了四六级，每个学期还能拿到国家奖学金，毕业后又考上了公费研究生。现在，学姐在一所大学做讲师，每个月工资很高，还给家里翻盖了平房。她的弟弟也很争气，考上了重点大学。

学姐用她的努力证明了，贫寒并不可耻，重要的是要拥有一颗不贫寒的心。

虽然你无法选择你的出身，但是你可以选择你的未来。你想要成为什么样的人，你想过什么样的生活，都可以由你来决定，没有人可以阻止你想要奋斗的心。

IV

我也来自贫寒的家庭，我的父亲母亲都是很普通的农民。母亲是一个老实巴交的女人，心地很善良，没读过多少书。

记得有一次，母亲因为患病差点去世。那时候，家里真的是一贫如洗，我还小，只能在一旁无助地看着。后来，还是亲戚凑钱给母亲做了手术，才救回了母亲一条命。

小时候，我看上了橱窗里的一个娃娃。可是，无论我怎么哭怎么闹，母亲都不给我买。那时候，我真的一个玩具都没有。只是那时我并不知道，如果母亲给我买了橱窗里的那个娃娃，我家就一个月不能吃肉，那是多么可怕的一件事。

我念大学的时候，很想报一个公务员考试的培训班，要花几千块。可是，母亲说，她连我的生活费都是东拼西凑的，这个月给我了，下个月还要想着怎么还债。就算是几千块也真的给不了，母亲说，对不起，她帮不了我。电话那一头，她哭了。

一种很深的罪恶感充斥在我的内心，我开始后悔鼓起勇气向母亲开的那个口，让母亲又一次为自己的无能为力心伤。

那一瞬间，我也曾抱怨过命运的无奈，让我不能拥有许多人轻而易举就能拥有的一切。可是，正因为如此，我更加明白了奋斗的意义，也更加珍惜自己拥有的一切。因为靠自己努力得来的东西，是那么的心安，那么的满足，那么的快乐，那种快乐是没有努力过的人体会不到的。

V

我是一个被"穷养"长大的女孩，虽然家境贫寒，但我并没有养成很多恶习。相反，在母亲的教导下，我知道贫寒并不可耻，我不会羡慕那些用很贵的化妆品、穿牌子衣服的同学，因为我知道，一个人的美丽，不在于你用多少昂贵的化妆品，穿多少漂亮的衣服，而在于你要拥有一颗善良的心。

贫寒有时候很可怕，它会让你在疾病面前胆怯，它会让你无法拥有更多你想要的东西，它会让你有时候深感自卑，但是我们不能因为贫寒就放弃拥有一颗丰盈的内心。

贫寒并不可耻，可耻的是你贫寒的内心，真正的高贵是你灵魂的香气，是你内心的善良。愿我们都能迎难而上，追寻自己美丽的未来。

别怕，谁的青春不是
一边受伤一边成长

I

很喜欢这句话："上帝关上了一扇门，必然会为你打开一扇窗。"所以，你失去的那些东西，总会让你在别的地方得到补偿。

虽然我来自纯朴又粗糙的农村，但我还是长成了一个拥有文艺情怀的姑娘；虽然现在的我还买不起品质好的牌子衣服，但并不妨碍我选择那些质感好、穿起来大方得体的衣裳；虽然从小我很少在父母身边生活，但并没有因为这样就变成一个自私的小孩。

我堂姐的妈妈是个小学老师，有件事至今让我难以忘记，就是堂姐的妈妈曾经对我说："十三，以后你找男朋友不要找好看的，看着差不多点就行，丑点也没有关系。"抱着这个观点的还有一个人，就是我奶奶，我奶奶也会说："十三，你要记住，不是你选别人，只有别人挑你的道理。"似乎在她们眼中，我就是水果摊上半坏不烂的水果，只有别人挑的权利，而我只能"坐以待毙"。

我奶奶那么说的时候，我就说："就算人家挑我，也得看我乐不乐意，我不乐意，就不和他处对象，选择权还是在我手里。"我奶奶听着我的话表现出一脸的不可思议。我堂姐的妈妈那么说的时候，我笑了一下，然后冷不丁地又说了一句："要是那个人丑得坐在你面前你连饭都吃不下，你还敢要吗？"

当时我脑子里浮现的画面就是一个年纪很大，个子不高，地中海头型，眼睛小小的，牙齿参差不齐，衬衫总有污渍的形象，我想想都不寒而栗。

我奶奶那么说我还可以理解，毕竟她只是个不识字的农村老太太，思想总有点"保守（老土）"，我堂姐的妈妈毕竟是个知识分子，不知道为什么思想也这么跟不上时代。

II

不过她们这么说也不是全无原因的，她们确实是踩着我的伤痛说的，总归一句——还是看脸，多么血淋淋的现实。

我14岁的时候得了一种皮肤病，七年过去了，依旧没有好。身上总是长一块一块的白色的斑点，那些斑点还会扩散成为一大块一大块的，如果我本身长得再黑一点，绝对就是一头现实版的黑白奶牛。

第一次确诊的时候，我的内心是崩溃的，我是个女孩子啊，谁希望自己的美丽权被剥夺。当时我接受不了，把自己关在房间好几天，无论我妈怎么喊，我都不出去。那时候如果我再多关上自己几天，绝对会变成一个自闭症患者。

我是穷人家的孩子，偏又摊上这么一种病。妈妈花了好多钱带我去治疗，也没什么效果。还有另外一个原因，这种病目前确实找不到完全治愈的方子，能够控制就很不错了。

那时候，我刚念高中，许多同龄女孩都是露着光洁的额头，而我从来不敢露额头，因为我的额头上就有白色斑点，我只能留着刘海遮住它，以此来维护我那小小的自尊心。

因为我的病，我和我妈吵得最厉害的一次，我都动了轻生的念头，差点把禁止内服的外擦药水灌下去。幸运的是，我被我妈拉住了。那天，我妈和我都哭了。

那便是我的青春，无时无刻不充满了疼痛和无能为力。那些东西，曾经是我最敏感、最不可言喻的伤，没想到，多年以后，我可以如此云淡风轻地回忆。

我曾经吃过一年的中药，最多间隔一两天服一次。那种药，除了有苦味还有甜味，甜味里面又带着一丝酸涩，有种让舌头麻麻的感觉。每次喝中药的时候我都能喝出几滴眼泪，或许正是因为那段时间不断服药，导致我后来爱上了一切甜的食物。那个时候，我觉得我和林黛玉一样，因为她是个药罐子，我也差不多了。

Ⅲ

当我考上大学，终于能够去省城看病的时候，医生的一席话又让我瞬间崩溃了。医生说："小姑娘，你爸妈怎么想的？你的病已经很严重了，也不早早来治，读再多书有什么用，考再好的大学有什么用？以后找不到工作，找不到男朋友，结婚生子都是问题。"

我很想说，我家真的没钱，能够让我念大学已经是我的幸福了，我爸妈已经尽力了，但我还是不敢说出口。我拼命读书考大学的一个原因，就是希望自己能获得去省医院看病的机会。我一直抱着希望，然后失望，再抱着希望，再失望。在听了那个医生的那一席话之后，我全身每一个细胞都疼了。

那天印象深刻的一次检查就是去照射一种光。医护人员拿来一面镜子，让我看自己皮肤里潜伏着但是还没有显示出来的白斑。当医护人员打开仪器设备，让光照在我脸上用镜子给我看的时候，我尖叫了一声，被吓哭了。那是我第一次看到自己另外一个样子，像恐怖片里的女鬼，面目全非，毫无生机。

时隔多年，想起那一次检查，我仍心有余悸。以至于后来每次去医院做体检，我都害怕去照光，不管哪一种，我都很畏惧。

那天是我堂姐和堂姐夫带我去做皮肤检查的，回到她家以后，我把自己关在房间里，怎么也冷静不下来，眼泪大把大把地掉，我的心从来没有那么疼过。那段时间我常常做噩梦，梦到面目全非的另一个自己向我走来，她那么痛苦，那么挣扎，令我快要窒息。我知道，那种梦叫作梦魇，每次醒来都是浑身无力，全身是汗。

那时的十三，一点也听不得别人提及我生病的事，他们一提，我就浑身冰凉，疼痛难止。一个婆婆说："十三，你一个年轻又善良的小姑娘，怎么就得这种病，怪可怜的。"听到这样的话，我的心像一团火在烧着，无比煎熬。

IV

这个世界强加在我身上的那些疼痛，我总要予以反击。第一件让我开心万分的事情，就是我谈了一个又帅又善良的忠犬男友，他就是F君。

F君随他妈妈，所以生得很好看，五官轮廓分明，眼睛又大又双，睫毛比我还长，身高一米八，除了皮肤黑点，一切都无可挑剔。左看有点像吴尊，右看有点像吴彦祖，那是很多朋友和同学对他的评价。

不得不承认，F君确实有明星相，我爸曾这样形容F君的父亲，说他年轻的时候帅得像阿富汗人，其实就是有点像混血的模样。

F君是我的高中同学，在三年的高中岁月里我默默地爱着他的一切。那个时候，同学们都说，F君很帅，这种男生只适合谈恋爱，不适合结婚，结婚还是要找一个老实的。

但以我和F君相处多年的事实来看，F君很帅但不花心，而且忠心，人老实，也负责任。所以，长得帅的并不见得都是花心的。

除了F君，我还遇见过许多追求者，他们都是冲着我的外貌来的，齐刘海的我，确实看不出生病的样子。他们总说喜欢我漂亮，喜欢我随和善良。只有F君知道，我是个敏感多想、任性计较的姑娘，但F君能够包容我。

F君对外人脾气很暴躁，对我却很有耐心很温柔。有一次我因难过哭得厉害的时候，他抱着我吻了吻我的额头，我一下子惊呆了。我说："我有皮肤病，你还亲我额头。"F君说："我一直都知道，你别乱想了，别哭了。"我说："你不嫌弃我，不会觉得我可怕？"F君说："你不嫌弃我就好，怎么会觉得可怕呢，以后会治好的，你别怕，以后我和你一起去治。"

那一瞬间，我的心不疼了。

后来，我不敢相信，又缠着F君问："你喜欢我什么？"F君说："我都喜欢。"我不死心，又问一遍。F君说："十三，不管你什么样，都是最好的，你的善良，你的才华，你的善解人意，我都爱，虽然有时候你确实又任性又不听劝。"我说："那你有时候还不是脾气也很差。"说完，我们一起笑了。F君见过素颜的我，知道我的不完美，却依旧伴我至今。

V

很多年后，我时常会想，年少的时候，我们为什么受不得一丁点儿委屈，一丁点儿苦？随便一件事，就让我们疼得呼天喊地；随便一句话，就让我们在意许久。

我们一边受伤，一边成长，在不经意间会发现，那些让自己疼得快要死去的曾经，原来不过是年少时一场矫情的梦。梦醒了，生活依旧还在继续。虽然曾经跌碎过翅膀，但我们还是要鼓起勇气去飞翔。

上天是公平的，它让你失去一些东西，必然会在其他方面对你有所补偿。

我家虽然贫寒，但我不用补习依旧考上了高中重点班，依旧可以念大学，享受高等教育。虽然我的外貌有缺陷，但并不影响我能够找到一个很帅很善良的男友，并不能阻止我不断完善自己，成为更好的自己。

VI

有人说："十三，你煲的是鸡汤。"我说："不是，我煲的是生活。"我将生活煲成一锅汤，酸的、甜的、苦的、辣的，我都一饮而尽。

有人说："十三你写的还是鸡汤。"我说："不是，我写的是成长，是青春，是我不能言喻的心伤，是我对生活的感悟。"

有人说："十三你很坚强。"我说："我没那么坚强，我也需要安慰，写作便是我最好的安慰。"

有人说："十三，当我们痛苦的时候要怎么办？"

我说："你要相信，你受的那些苦，终有一天，会点亮你的未来，让你知道，你要往哪个方向走。"

花开的时候，我知道了花的美丽；叶落的时候，我明白了什么是青春。

愿你如我一样，能够勇敢面对生活。愿你如我一样，一样的乐观坚强。

书都不会读，
你还想过上自己喜欢的生活

I

家境普通，出身农村，即使是985名校毕业的你，是不是也对"读书改变命运"产生了怀疑？毕业刚实习的你，拿着一两千块的工资。即使成了正式员工，工资也只是几千块而已，比起房价和某些高额的物价，只是杯水车薪。

你开始思考，小时候，你的家人总是在你耳边，一而再再而三地强调，"你要好好读书，只有读书才能改变命运"，于是你的潜意识开始默默坚信"读书能够改变命运"。你从小读书就格外认真，格外努力，每次考试都拿班级前几名。

你一路拼杀，终于拼到名校毕业，结果，毕业的你没有立刻成为大老板，也没有立刻月薪过万，有的甚至连一份几千块的工作也找不到。你没有成为CEO，也没有成为大经理。

恍然间，你想起和你同龄的朋友这么对你说："读那么多书有什么用，还不如出去打工呢。"

你想起村子里和你同龄的胖小虎，他已经外出打了六七年的工，把家里的房子也盖起来了，还娶了一个漂亮媳妇，生了一个可爱的娃。你想起邻居家不读书的姑娘嫁了一个富二代，衣食无忧。

在你求职很多次，还是找不到一份体面工作的时候，你开始更加无比地怀疑那句"读书能够改变命运"。

有人过来和你说："百无一用是书生啊！"你忽然像想起什么一般——读书真是没什么用啊！

我想，此时的你，一定是误解了"百无一用是书生"这句话。

II

读书在这个时代，似乎起不了什么大作用，那今天我们为什么还要去读书？

"十有九人堪白眼，百无一用是书生。"出自清代诗人黄仲则《杂感》一诗。诗人黄仲则虽然身世坎坷，家庭清贫，可是人家少年时在诗歌方面很有才华，只是后来为了谋生，四处奔波，即使满腹才华却怀才不遇，所以才感慨了一句"百无一用是书生"。

诗人在抒发这句感慨的时候，无论是在抒情，还是在发牢骚，前提也是"满腹才华"，是读了不少书的。

如果说这样的大才子这么说是在抒情，那么读书不多、没有才华的你是不是还有资格说"百无一用是书生"呢？

III

常言道："腹有诗书气自华。"书读多了，你的气质自然会提升，那是不读书的人无法拥有的内涵。

我想，即使"读书不能改变命运"，但是"读书却可以提升修养"。

如果说，一个人的教养和父母的教育方式有很大关系，那么修养便是你在后天的学习中获得的。它指的是一个人的综合素质，是你通过学习、受教育获得的，通常体现在你的言语或者行为方式，以及思考态度上。

比如，在你和家人一起用餐结束，你应该向还在用餐的长辈说道："我用完了，你们慢用。"

你出去玩的时候，应该和长辈打一声招呼，"妈妈，我出去了"或者"妈妈，今天我要去找朋友玩"，而不是一声不吭地溜出家门。

比如，在公众场合不要大声喧哗，不要浪费食物，别人在说话的时候不要轻易去打断别人，别人帮助你的时候要学会说谢谢，自己做错事的时候要学会主动承认错误，并说对不起。

比如，信守承诺，不随便撒谎，约会的时候不要迟到，尊重别人的感受，有爱心不冷漠，等等。

可以说，修养体现在生活中的每一个小细节中，它无时无刻都在传达着"你是一个什么样的人"。

IV

我们读书，一种是自由阅读，另一种是在学校接受专业教育。

大学一开始设立的意义并不在于"让学生获得工作岗位"或者"获得职业"。英国教育家纽曼说："大学的职责是提供智能、理性和思考的练习环境。让年轻人凭借自身所具有的敏锐、坦荡、同情力、观察力在共同的学习、生活、自由交谈和辩论中，得到受益一生的思维训练。"

通过他的话，我们可以看出，大学的意义更多在于"得到受益的思维方式"。可以说，是让你"学会思考"，让你在道德是非面前学会思考，让你在困难挫折面前学会思考。

我国国学经典《大学》一书中有一句话："大学之道，在明明德，在亲民，在止于至善。"它的释义是：大学教人的道理，在于彰显人人自身所具有的光明德性（明明德），再推己及人，使人人都能去除污染而自新（亲民，新民也），而且精益求精，做到最完美的地步，并且保持不变。

由此，我们可以看出，大学更多的是对人品德的培养，使一个人能够不断地去完善自己，更多地获取内心智慧和美好精神。

V

读书真的无用吗？

作为新时代的年轻人，更应该通过读书改掉自己的品格缺点，改变自己的思维方式，通过阅读让自己的内心更丰盈。

你羡慕人家网红只是靠脸的时候，或许你没看到，她们除了拥有高颜值以外还有高学历，她们敬业又热爱生活；你羡慕人家运气好的时候，或许你没有看到人家背后努力了多少；你羡慕人家随手一写就是一篇好文章，但你看不到人家背后读了多少书，做了多少读书笔记。

是啊，世界或许就是这样，或许有时候你觉得很不公平，在你没有得到想要的东西的时候，或许你应该想想自己比人家少了什么。

最后，或许你嘲笑的是自己，嘲笑的是自己的不努力、不自知。难道嘲笑就能改变一切吗？当然不能。默默努力去吧，"人丑更是要多读书"，十三一直是这么认为的。

有些痛苦是用来成长的，
不是用来矫情的

I

长第一颗智齿的时候，我曾被那种疼痛折磨得彻夜难眠，一度想去医院把它拔了。但是碍于以前拔牙的切身体会，我还是打消了这个念头。况且这个智齿长的位置也挺好的，并没有威胁到其他牙齿的生长，为什么我就不能包容它一点呢？你们肯定笑了，"十三，你和一颗牙齿较什么劲呢？"

其实，我还真是有点较劲的小姑娘，凡事定要问个明白才罢休。

木子说："每个人都有两次青春，第一次用来放纵，第二次用来成长。"

我觉得木子肯定是被人害了，才说出这么矫情的话。木子看着我说："十三，认识你真好。"

我觉得木子又在发神经了。木子平时不怎么爱说话，一张口就能出来"语不惊人死不休"的效果。我一向沉默，在熟人面前就会喋喋不休。我觉得我和木子简直就是最佳搭档，天下无双——她是小鱼儿，我就是花无缺。我俩就差一匹马、两把剑，就可以行走江湖。

II

认识木子的那一年，我14岁。木子是那种早熟的姑娘，懂的事比较多。比如她知道一男一女亲嘴是不会怀孕的，当时我们很多女生还以为和男生手牵手就会怀孕呢。不过因为我们很多都是乡下来的孩子，农村的教育还是比较传统、比较保守的，所以我们对男女谈恋爱的事一点儿不懂。

我从小就瘦，现在也瘦，多吃也瘦。我最爱跟木子抱怨说："木子，我怎么吃也吃不胖，我感觉好痛苦，要是我变成一个胖子就好了。"

木子舔了舔酸奶瓶盖，看了我一眼，说："十三，等你真的成了胖子，就知道什么是痛苦了。"

我问木子："痛苦是什么感觉？"

木子说："想把一个人杀死的感觉。"木子告诉我，自从她有记忆以来，她的父亲就很暴力，经常关着门打她的母亲。木子的母亲是一个抱着"在家从父，出嫁从夫"观念的女人，所以木子的父亲每次打她的时候，她都不会反抗，只会把身体蜷缩成一团，以减少疼痛。木子说，她小时候的愿望就是把她的父亲杀死，可是因为她是他的女儿，所以她不能，她说那种感觉就是痛苦。

那时候我就有一个愿望，希望自己永远不要感受到痛苦。

夏天快结束的时候，木子被学校开除了，我拉着木子的手哭得稀里哗啦的。木子的男朋友被一个女生抢了，木子把那个女生打成重伤，而那个女生的父亲是县城的高官。其实，只要那个女生帮说几句话，木子就完全不用被开除，可是，那个女生没有。那是我第一次感觉到痛苦，因为木子真的离开了我。木子是我最好的朋友，我真的不想失去她。

III

木子离开学校后，我有了新的朋友，新的闺密。我一直和我的新闺密倾诉我的心事，包括我喜欢一个男生的秘密。那个男生就是年少的F君。

直到有一天，我的新闺密告诉我，F君曾对她表白，但是她不喜欢他。那天晚上我哭了。我一直在想，要是F君喜欢我就好了，因为我真的很喜欢他。

一年后，冬天还没有结束的时候，闺密的初恋意外去世了。闺密说，她想跟着去死。我抱着闺密哭了。我说："你一定要好好的。"因为我害怕再一次失去朋友的感觉，那种感觉让我感受到了痛苦。

闺密和她的初恋相恋五年，他们一直分手合好，合好又分手，最后一次分手的时候，她的初恋就再也回不来了。

闺密说："十三，以后遇到你爱的人要好好珍惜。"我问她："什么是喜欢什么是爱呢？"闺密说："喜欢就是开心，爱就是痛苦。"我说："爱不是美好的吗，为什么是痛苦的？"闺密说："等你真的爱一个人的时候就知道了。"

那个时候F君对我很好，他总是带我去玩，带我去吃各种好吃的。我觉得F君是喜欢我的，我告诉了朋友。朋友说："十三，你只是太孤单了，所以有一个和你玩得很好的男生就觉得他很喜欢你，你只是觉得他好，那不是喜欢。"

我说："我真的喜欢他，所有关于他的一切我都喜欢。"

那时候，F君和我还真的是暧昧，圣诞节的时候他给我送手套、送苹果，情人节的时候他给我送勿忘我，春节的时候他带着我去买鞋子，生日的时候他送我毛绒玩具、蛋糕。我难过的时候，他说："十三，还有我。"我生病的时候，他说："十三，不要怕，有我在。"

我说："F君，我们18岁以前都不要和别人谈恋爱好不好？我们一起努力，把高考考好。"F君说："好。"可是，F君17岁就和别的女生恋爱了。那个女生和我因为F君争吵了，然后她告诉F君，我打了她一巴掌。真相就是我并没有打她，F君却相信了她的话。

F君开始和我变得生疏，我也开始有意无意地躲着他们。F君和那个女生恋爱的时候，我才发现我真的很爱F君。但是，那句"我爱你"却一直没有说出口。这才发现，得不到也是痛苦的。

IV

F君和那个女生分手的事是闺密告诉我的，女方劈腿在先，然后主动提出的分手。我发现那个时候我跟F君是一样的难过。因为我真的不舍得F君难过，不忍他伤心。

我以为我和F君之间的缘分随着我们去了不同的大学就会消失殆尽。后来才知道，那只不过是一个开始。

我在电话里跟F君说："我恋爱了。"F君说："十三，祝福你啊！"F君的祝福还没有成真的时候，我就被榴莲先生骗了感情。认识榴莲先生的时候是在朋友的生日聚会上，那一天，在KTV，我和榴莲先生一起对唱"小酒窝"，唱到高潮的时候，我看着榴莲先生心动了。

那一天的我，穿着白色连衣裙，长发披肩，涂着暖橘色的唇彩。榴莲先生说："十三，穿着裙子的你真的很漂亮。"

我忽而想起我大学之前从来不穿裙子，我的头发除了洗头的时候从来都是马尾。我和榴莲先生谈起了恋爱，但恋爱还没到第三个月，我发现榴莲先生一直在欺骗我，他还有另外一个女朋友，而我只是他玩耍的对象。

我和榴莲先生分手了，我把手机卡扔进了垃圾桶，跑到学校外面的酒吧一个人叫了一打酒，服务员给我开了几瓶。喧嚣嘈杂的酒吧里，放着陈奕迅的《十年》，听到伤心处，我拿起一瓶啤酒，一口气咕噜咕噜地像喝水一般喝下去。连灌了两瓶的时候，我的朋友找到了我，她说："十三，最后一瓶好不好，我陪你喝。"

那一天我没有继续喝下去，酒吧里有几个男生看我气势汹汹的模样，跑过来要和我拼酒。我说："我胃疼了，要去医院。"他们看着无趣，没有继续拼下去。我把剩下的啤酒都送给了他们，和朋友逃离了酒吧。那是我第一次明白了木子和我说的"第一次青春叫作放纵"。我从来就没有那么痛快、舒坦过。

原来，有一种痛苦叫作失恋。

V

我的失恋还没有过去一周的时候，我的堂姐告诉我，我的妹妹患上了抑郁症。直到和母亲通了电话我才知道，妹妹的病原来比抑郁症还要严重，医生确诊为躁狂抑郁症。

她一直喊着要自杀，不然就是又哭又闹又说胡话的，母亲不得已同意医生说的"把她关起来"。听说她被男朋友骗了感情，被朋友背叛，去玩的时候，喝的水里被朋友下了药，又发了高烧，几天几夜不睡觉，在大街上差点被车子撞死又被吓到。然后她性情大变，晚上疯狂地玩，白天又变回乖巧的模样。我看了她吃的药上面写着"治疗精神分裂症"，我的心特别疼，有种撕心裂肺的感觉。

我开始想，这个世界到底怎么了？我的家人为了救治妹妹负债累累，母亲因为她病了已经心力交瘁，我因为她失眠半年。就那么一瞬间，我的世界全部失去了色彩。

那段时间正是梅雨时节，雨总是淅淅沥沥的，就连我的情绪也是飘忽不定的。

我爱上了写小说，我开始在心里祈祷我的妹妹快点好起来，祈祷我的家一切都好起来。我无比认真地学习，疯子一样地每天写作，写到心里舒坦为止。那段时间，朋友不在身边，家人不在身边，平生第一次感觉到无比孤独。那种孤独，是多少心事无法诉说，多少疼痛在心里缠绕啊。

VI

电影《陪安东尼度过漫长岁月》里说："风雨过后不一定有美好的天空，不是天晴就会有彩虹，所以你一脸无辜，不代表你懂。"而我，开始明白，有些路，真的只能一个人走。每个人都有一段难熬的时光，那段时光里没有人可以让你倾诉，没有人会给你鼓励，没有人会给你安慰，你只能自己努力面对生活袭来的所有。

再次遇见F君的时候，我的第一本小说已经签约出版，妹妹也已康复出院，我家的经济也在一点点好转，我的成绩也从倒数冲到了前面，我的闺密也交了新的男朋友，木子也开了自己的店铺。一切都在慢慢变好，除了我还没有忘掉F君。

F君说："十三，我一直在等你，而你却一直在努力忘记我。"

我说："你是我第一个爱上的人，也是最爱的人，除你之外，再也没有一个人能够让我如此念念不忘。"

再相见，时间刚刚好，你忘了曾经的伤痛，我也学会了自愈，你单身，我也单身，你心里一直放不下我，我心里也一直忘不掉你。你说："十三，我们谈一场以结婚为目的的恋爱吧！"

我看着你，哭得像个孩子。

VII

木子说："每个人都有两次青春，第一次用来放纵，第二次用来成长。"后来我才明白，有些痛苦是用来矫情的，而有些痛苦是用来成长的。

成长是一个过程，它让你感受化茧成蝶的痛楚，也让你感受化茧成蝶的美丽。它使你经历挫折之后变得勇敢，使你一个人能够走过一段难熬的岁月，使你跌倒无数次还想要飞翔，使你受伤后还想要勇敢去爱，使你在经受生活磨难以后还能够继续热爱生活。

别让自己留遗憾，
且行且珍惜

I

人总是要到失去的那一刻才会明白，曾经陪伴在身边的人，你到底有多么在乎。

父亲说，爷爷去世了。知道爷爷去世的消息的时候，已经是他去世的一个月以后，那一瞬间，我掉不出一滴眼泪，因为我是最后一个知道的。

父亲对我隐瞒了这个消息，因为我在外求学，来回奔波不容易。可是，我还是很想参加爷爷的葬礼，我也想穿上孝衣，跪在棺木前作最后的悼念。哪怕是上一炷香，磕几个头也好，也尽一尽做孙女的一点孝心。

有人说，孝在于心，不在于形式。当你面对那个场景的时候，你才会明白，形式同样重要。如果当时我参加了爷爷的葬礼，现在的我，或许就不会感到那么遗憾。这一份遗憾，再也无法弥补。

II

打我有记忆开始，爷爷就是一个怪老头，脾气暴躁，那时我还小，恨不得离他远远的，生怕自己一不小心就把爷爷惹火，然后挨骂。

他似乎有一种与生俱来的威严，谁都不敢反对他，似乎他的存在就是一片雷区，谁都不敢无故踩雷。可是，就是这样一个小时候我很害怕的人，在他病倒的那一段日子，我无比地心疼他。

爷爷不仅有高血压，还是脑梗塞患者，住了好久的医院，总算把命保住了，可是走路吃饭都得让人伺候。那段时间，也是母亲最辛苦的时候。我们都知道，他心里其实是不好受的，我们同样也不好受。

爷爷瘦到皮包骨，牙齿也掉光了。我看着他虚弱地靠在柱子旁，眯着眼睛晒太阳的时候，我的心头划过一丝忧伤。原来，每个人都会老去，无论曾经多么年少轻狂。

有时候，我会想，当我老去的时候，我会以怎样的心态活着？是忧伤还是平和，亦或是其他？我无从知晓。老去是一件无能无力的事，我们不能反抗，只能接受。但我们也可以选择快乐且优雅地老去，这取决于自己内心的选择。

III

奶奶说，我家的老房子，民国时候就在那里了。爷爷娶奶奶的那一年，我家后院的桃花开得特别好。爷爷高中毕业，写得一手好字，自成一家，过年时家里所有对联都是爷爷写的。

小时候，我和奶奶还去别的村子卖爷爷写的对联。那些乡亲们可喜欢了，我和奶奶每次去，爷爷写的对联都会被抢光。

爷爷还会卜卦。有时候，我觉得很神奇，年节祭祖用的鸡，爷爷剥下肉后用骨头就能卜出运势。他的房间有许多老书，都是不许我们碰的。家里人都明白一个道理，就是爷爷说的话不能反对，爷爷的东西不能碰。不过有一次，我实在好奇那些是什么书，趁爷爷不在家的时候，我就问奶奶："我可不可以看？"奶奶说："看完悄悄放回去。"

原来不过是一些医书和几本黄历，还有一本用线装订的已经发黄的《周易》，我翻了几页，实在看不懂那些奇奇怪怪的图形，但我知道《周易》不是一般人能看得懂的，据说，里面自有乾坤，是一本好书。

那时，我终于明白，爷爷为什么会"包药"，就是谁脚肿了、关节疼了，爷爷都会去找一些草药，捣碎以后用酿酒的酒曲和上，再用叶子包好，然后拿到炭火上弄热，再敷在患者痛处，不过几天，保准好。小时候还以为是什么偏方，后来才知道，不过是中医的一种，那些草药都是中药。

IV

爷爷在世的时候，奶奶有次病得很重，都是爷爷在照顾他。爷爷每天不畏辛苦地给奶奶熬中药。那时候，奶奶的腿肿得厉害，弯不下腰，就连洗脚这样的事情，都是爷爷亲力亲为。爷爷怕奶奶冷，从来不忘给奶奶加衣服。

有人说，爷爷奶奶那辈人是没有爱情的。但是老了以后，他们能够相互扶持，能够彼此陪伴，我想这也是爱情的一种，不用多么的轰轰烈烈，就是平淡生活中的互相关心与慰藉。当你生病时，对方能够照顾你；当你动不了的时候，对方不离不弃；当你冷的时候，对方为你添衣。就这样，简简单单，很温馨，也很美好。

他们用一生，诠释了"爱是白头偕老，两不相忘"。

爷爷走后，奶奶变了许多，但是她仍旧不忘每天给爷爷献汤饭，烧纸钱。她念经书，诵经文，一直在为爷爷祈福。

也许一个人生命的意义不在于生前有多少人知道他、记住他，而在于他逝去以后，有多少人能够记得他、忘不了他。

又是一年清明时，我还在外求学，还是不能回乡祭祖，依旧不能到爷爷坟前给他上一炷香，磕一个头。尽管如此，却阻止不了我对他的思念。

记得知道爷爷去世不久后，我经常梦见他，梦见他还在，梦见他和我们有说有笑的。如今，我已经能够平静地接受他去世的事实。

想起那时假期爷爷还在时，我给他煮早餐，他眯着眼睛说：

"好吃。"那个时候，我才发现，原来我早已不再害怕那个曾经脾气暴躁的怪老头，我多么希望他还是曾经那个生龙活虎的怪老头，而不是眼前因为生病只能由人伺候的怪老头。

V

或许，没有经历那场葬礼，我是幸运的。幸运的是，我躲过了当时的悲伤。

有时会以为他还在家里，还在这个世界上，没有离开。

其实我多希望，将来我结婚的那天，爷爷还在，我向他好好磕一个头，然后开心地接受他的祝福。

那一场我错过的葬礼，是我心中最大的遗憾，正因为如此，也劝诫自己，珍惜眼前人。

余生短暂，
我却再也不能和你相濡以沫

I

D君是在我怀里去世的，他的手再也握不住我的手的时候，我能感觉到他的温度在一点点消失。

医生说："能不能把这位女孩带走？死亡时间，2016年3月27日17点3分21秒。"

D君真的去世了，就在前几分钟，他还在努力地向我挤出微笑，他用微弱到不能再微弱的声音说："阿离，不要怕！"

他那么说的时候，我的眼泪就忍不住掉下来了，阿离是我的乳名，只有他和我的家人知道。潜意识里，我一直坚信他是不会离开我的，因为他是那么的爱我。

直到冰冷的病房里传来D君母亲声嘶力竭的哭声，D君奶奶昏过去，病房乱成一锅粥的时候，时间仿佛静止了。

一年零七个月以前的一天，D君坐在饭桌面前认真地说道："阿离，我们离婚吧！离婚协议书我已经拟好了。"

我看着面前的D君说道："是我做的菜不好吃吗？你不要开玩笑好不好？"我有些慌乱了。

D君说："阿离，我是认真的，我们离婚吧！离婚以后，财产一半给你，另一半我来处理。"

我终于克制不住自己内心的崩溃，大哭了起来，我问："是不是我哪里做得不好？你说出来，我都改，我们好好过日子可不可以？"

D君说："阿离，我爱上了别的女人。"

我忘记了哭泣，那一瞬间我才明白他是铁了心要和我分开。我的火气一下子就上来了，忍不住骂道："是哪个女人，告诉我，我非杀了她不可。"那一秒，我恨不得把D君口中说出的那个女人撕成碎片。

我们的婚姻才维持了一年零三个月，就这样走向了坟墓。我似乎已经忘了我是怎么度过离婚以后的日子的。只记得在离婚协议书上签名的时候，我的心仿佛冰冻了一般。

II

有人说，不能相濡以沫，就相忘于江湖。可是，分开以后，我还是不能和D君相忘于江湖。

我们谈了七年多的恋爱才走向婚姻，一路走来，多少艰辛多少不易，不是三言两语能够道尽的。

这几天，我经常梦见D君，梦见他还没有离开我，梦见我们曾经在一起的点点滴滴。直到D君病危的时候，D君的母亲忍不住给我打了电话，我才知道D君和我离婚的时候已查出来是淋巴癌晚期，我却傻傻地信以为真，以为他真的爱上了别的女人。

离婚以后，我没少用酒精麻痹自己，因为我想起我们热恋时候说的话，那时候，D君问："阿离，要是有一天，我爱上了别的女人，你会怎么样？"

我说："我一定会把自己杀死。"

那时候的爱，那么不顾一切，似乎就算天崩地裂，也不能动摇我对他的爱。

只是后来，到了真的分开的时候，我没有想过要把自己杀死，倒是想把D君口中的那个女人杀死。

III

参加D君的葬礼的时候，我的眼泪似乎快要流干了，D君被火化后，成了一把灰烬。葬礼结束的时候，D君的母亲叫住了我，她说："阿离，你过来，妈妈有东西要给你。"

我看着她从兜里掏出一张小小的照片递给我，她说："他一直说要把这个给你。"

我接过那张照片，蹲在地上，再一次泣不成声，那张照片是我和D君结婚时的合照，那时候，为了随身带着，特意做成了钱包照的大小。

D君的母亲蹲下来轻轻地拍着我的背，安慰我，她说："阿离，别哭，你永远都是妈妈的好媳妇。"

那一瞬间，我觉得，是不是曾经的我太过幸福，所以上天要把属于我的那些幸福一点点带走。

认识D君的那一年，我读高二。那天阳光明媚，学校组织篮球比赛。当时我就是在观看比赛的时候，被D君的篮球砸伤了脑袋，然后相识、相爱了。后来，D君总是打趣，说我是他用球砸来的媳妇。为此，我没少对D君"大展拳脚"。

每次我张牙舞爪的时候，D君总是紧紧地把我抱住，他说："阿离，我以前怎么没有发现你是一只小野猫。"

我看着他问："那你是不是后悔娶我了？"

D君笑道："怎么会？下辈子，下下辈子，我还要做你的丈夫，做你的天。"

"好肉麻！"我看着他撇撇嘴。

D君说："阿离，你呢？下辈子呢？你要做我的什么？还做不做我的媳妇？"

我说："下辈子，我要做你的女儿。"

"为什么？"

"我要你疼爱我一辈子。"

"阿离，你的算盘打得可真好。"

"也不看看我是谁！"

D君摸摸我的头，问，"阿离，要是哪一天我不在了，你会不会想我？"

"乌鸦嘴啊你！好好的，说这种话干吗！"我表示不满。

"好阿离，以后不说就是。"D君看着我，一脸委屈的模样。

我还没回答他，如果他不在了，我会不会想他。而现在，他真的不在了。

剩下的人生里，我会每天都想他。

IV

我想，我们要是有一个女儿就好了，这样，我会把所有的爱都给那个孩子。可是，我们还没有等到要一个孩子，我们还有许多说好要一起完成的事情没有完成，D君就离开我了。

年少的时候，我们以为，分离不过是一件短暂的事情，因为我们还可以再团聚。

直到他离开后，我才明白，原来，分离是一件残忍的事。他在天堂，我在人间，再无团聚的可能。

他走了，把我所有的爱也一起带走了。我开始讨厌时间，开始觉得时间很漫长，漫长得我等不到苍老，等不及化作一抔黄土，与D君再次遇见。

如果你的爱人离开了，你会怎么样？

这句看似玩笑式的话语，在我与他生死相隔的如今，令我痛彻心扉。

我感到遗憾，遗憾没有趁他还在的时刻，多拥抱他一下，多亲吻他一下。现在，什么都没了可能。

曾经我以为，我们还有好多时间，我们可以相守到老，我们会有自己的孩子，我们还会去很多美丽的地方。那些事，只要慢慢去做，就可以完成。以前D君说带我去哪里的时候，我总说时间还很多，还有以后。

原来，有些事，现在不做，就再也没有以后了。

张爱玲在《倾城之恋》里说："死生契阔——与子相悦，执子之手，与子偕老是一首最悲哀的诗……"生死离别，从不由人。我们人是多么小，多么小！可是我们偏要说："我永远和你在一起，我们一生一世都别分开。"——好像我们自己做得了主似的。

原来，很多事情都是由不得自己的，不曾想过分开，却还是会分开。

V

我多么想听D君再喊我一声阿离，现在，只能在梦中听到了。

我们结婚的那一天，D君说："阿离，我会一辈子对你好。"

只是，再也等不到一辈子，我们的一辈子真的太短，短到我还来不及想明白到底是怎么一回事，他就离我而去了。

而我，多么想对D君再说一次："我爱你。"简单的三个字，却再也没有机会说了。

离婚第467天，我终于明白，原来，有些人不是说能忘就能忘的，有些人，不是说不爱就不爱的。

余生，你亏欠我的幸福，只能是亏欠了。

愿所有相爱的人能够珍惜在一起的每一刻。因为你不知道，下一秒你会遇见什么。喜欢就要说出来，爱就要珍惜，想做的事，就赶快去做，不要等，因为不知道在下个路口，命运会不会再给你一次选择的机会。

谁说爱就不会伤害

◸

I

过久了一个人单身的生活，突然看着一部韩剧也会满是幻想，泪流满面。一个人单身久了，会觉得自己越来越不像女人，会觉得自己越来越像女汉子。你是不是也会这样？

有人说，爱情不就是一个愿打一个愿挨；有人说，爱情不就是一个疯子遇见一个傻子；也有人说，爱情不就是在对的时间遇见那个对的人。

关于对爱情的理解，我想，不同的人有不一样的观点。

II

如果你恋爱过，而且你还是一个姑娘，你是不是会觉得，恋爱开始的时候，一切都很甜蜜，似乎拥有了他就拥有了全世界，他的一个眼神，一个微笑，都让你沉醉不已。

你们不管做什么都想黏在一起，吃饭一起，散步一起，看电影一起,聚会一起,逛街一起……渐渐地,似乎他成了你生活中不可或缺的一部分,你们分享着彼此的快乐与忧愁,你们每天都要频繁地联系,恨不得每天24小时都形影不离。

可是,过了一段时间以后,以前不管多晚都会陪你聊天的那个他,不知道什么时候就已经呼呼大睡了,他不再陪你做你喜欢的一切。你开始觉得他对你和以前不一样了,似乎他变得冷淡了,对你也不上心了。

你对他说:"你真的很久没有陪我去吃饭,也没有陪我去逛街了。"他听着你的话不高兴地说:"你怎么那么黏人?"他开始觉得和你在一起不自由,觉得整天和你待在一起,就连和兄弟打游戏的时间都变少了。

III

你们开始因为一些很小的事情吵架,他说你不温柔也不可爱了,你再想解释什么的时候,他冷漠地说:"你怎么可以如此无理取闹,你以前不是这样的。"

听着他的话,你觉得很委屈,也觉得自己的付出很不值得,终于你忍不住提出分手。其实,你也不是真心想要分手,你只不过是想要他挽留你。可是他似乎还是不懂你的心,他想了一夜,对你说:"分手就分手吧!"

你觉得不甘心,想要再去挽回他,他说:"对不起,我们性格真的不合适。"

于是，你不知道还要再说什么。其实，你想说："不要走，我真的很爱你。"

可是，你终究还是没有说出口，那时的你，已经失去了爱他的勇气。

你们真的分手了。你失恋了，你开始一个人过自己的生活，只是偶尔还会想起他，想起那一段感情。

IV

不管你是失恋，还是没有恋爱，现在单身却渴望爱情的你，作为一个过来人，我想给你一些建议：

爱是理解也是彼此尊重

何为理解？就是尽可能地为对方考虑，遇到什么不开心的事情，也要站在对方的角度去考虑。你可以问自己一个问题，如果我是他，我会怎么做，我会怎么想？这样，即便争吵，也可以减少摩擦。

尊重其实很简单，不要拿对方的缺陷来说事。比如一个女孩子腿很粗，你不要说她是萝卜腿，一个男孩子个子不高，不要说他是半残废，等等。

爱是忠诚也是彼此信任

我想没有谁会希望自己女朋友或者男朋友做出什么精神出轨或肉体出轨的事，或者什么脚踏两只船的事。一旦那样的事发生在自己身上，最后的结果肯定是打翻爱情的小船。

遇到什么事，听到什么流言，不要随便怀疑对方，不要不经大脑思考就给对方下判决书，记住，你要相信他，听他解释。

爱是拥有但不是占有

喜欢一个人爱一个人，能够和他在一起，这本身就是一件幸福的事。

你要给对方一些自由的空间，不能用爱的名义让对方喘不过气来，不能用爱的名义擅自替对方作决定、作选择，你要尊重他。

不要想着，你拥有了他，他的一切就都是你的。他愿意给你喜欢的东西，愿意和你分享他的成果，那是他爱你的一种方式。但你不能一味地向他索取，特别是金钱。女孩子，还是金钱独立的好，这点特别重要。

眼前的他（她）是否值得你去投入一段感情

有人说，开始一段感情不容易，结束却很简单。如果你喜欢一个人或者爱上一个人，不要荷尔蒙迸发，立刻与他发生关系或者急着和他在一起。你要等，要观察，看看对方是否是一个负责任的人，是否善良、独立、有爱心。总之，一些基本的品质是要有的。

如果一个人正在热烈地追求你，你不要急着恋爱，你要思考一个问题，你是否也喜欢他？还是因为他只是单纯地对你好，所以你感动了？姑娘，感动不是爱。

你要想一想，对方在做事情的时候是否能够考虑到你，在乎你的感受，他是不是也会为你的朋友考虑，为你的家人考虑？

这些，都是你需要去想的事。

他最好是"孝而不顺"，她最好是"外柔内刚"

如果你的男朋友很孝顺，恭喜你，那是一件好事，但是他事事都顺从他父母的意见，估计你们以后的婚姻也不会幸福。因为一个男人需要懂得辨别是非，需要有自己的主见，需要有自己的判断能力，不能什么事情都听从父母的意见。

彼此能够同甘共苦，也能共享荣华

听说过不少原本能够一起吃苦的夫妻，等男人发达了，有钱了，却把女方抛弃的事例，都说"糟糠之妻不下堂"，现实却有太多案例让人不寒而栗。真希望每对恋人都不是那种"大难来时各自飞"的搭档，而是能够不忘初心，始终如一。

如果可以，不妨过一段属于自己的单身生活

我想，你需要一段一个人的时间，过上一段属于自己的生活，在这段生活里，你要学会独立。

如果你一个人生活，请你把自己的生活打理得井井有条，把自己照顾得很好，最好能够学做几个拿手好菜。因为你的胃只有一个，不要亏待了它。

如果你一个人生活，不妨多看几本书，锻炼独立思考的能力，同时也可以提升自己的气质。

如果你一个人生活，请你坚持运动，运动不仅可以保持你的好身材，也可以让你看起来更健康。

如果你一个人生活，可以培养一下自己的兴趣爱好，哪怕是练字，学习绘画，或者插花，都可以让你更加热爱生活。

远离坏情绪，做一个充满正能量的人

不管你是单身还是恋爱，保持阳光的心态很重要，不要让别人的坏情绪传染你。远离那些爱说是非的人，多和阳光开朗的人交朋友。

如果你自己心情很坏，你可以出去走走，不要在屋子里把自己闷坏，或者你也可以听听音乐，放松一下自己。

记住，生活也许会让你觉得失望，但请你不要绝望，我一直相信"否极泰来"，因为事物都是有两面的，凡事不要想得太糟糕。

为了人生更美好，改掉你的坏习惯

我想没有哪一个人希望自己招别人讨厌，我们都希望自己成为一个人见人爱、花见花开的存在，可现实里没有十全十美的人，大多时候，我们一不小心就成了被讨厌的那个存在。

如果一个人不喜欢你，你可能会说那是他的问题，但如果有十个人，其中有九个都不喜欢你，这个时候，你还会觉得真的只是别人的问题吗？

为什么你就没有一个愿意为你付出的朋友呢？为什么你的话一出口就很容易得罪人，让别人很反感呢？我想，你或许有一条或者几条下面提到的坏习惯：

每天都频繁地抱怨

我们每个人都会抱怨，偶尔抱怨一下没什么，人之常情，我们都会遇见不喜欢的事，可以吐槽一下，宣泄一下。

可是没有人会希望自己身边的那个人不分时段地抱怨，朋友偶尔拒绝一下你的请求，你就抱怨他不讲义气；朋友经济紧张，无法帮你买单的时候，你就抱怨他小气；你自己不努力好好工作，别人努力工作升职加薪了，你就抱怨老板太偏心；明明是你舍不得多花钱买点好的东西，你就抱怨商家欺骗你，拿不好的东西糊弄你；明明是你非要让你的男朋友带你去吃好吃的，你还抱怨他舍不得为你花钱。

你和别人交谈时，十句中有七八句是抱怨的话，我想没有谁会希望听你在那里抱怨发牢骚吧！要想交到好朋友，赶紧停止你的抱怨吧。

总是给别人泼冷水

当你满怀热情心情很好的时候，别人突然给你泼一瓢冷水，你会是什么感受？

同样的，别人欢欢喜喜的时候，你偏偏说些不好听的，谁会高兴呢？你的同事买了一件新衣服穿在身上，大家都说很漂亮，很有气质，而你却走到大家面前说："这种衣服哪里漂亮了，一看就是地摊上的便宜货，一洗就烂了，而且她明明长得很黑呀，一黑毁所有，哪里有气质了？"

当你的同学交到一个男朋友请你们吃糖的时候，大家都在祝福你的同学，而你却冷不丁地说了一句："唉，又不是找到了一个富二代，那种男人一看就是连房子首付都付不起的，更别说以后结婚了，我看还是趁早分手的好，免得将来抱着人家大腿哭。"

从不听别人劝说

有一种人觉得别人说什么都是错的。生活里这样的人还真不少，总觉得只要是自己说的就都是对的，但凡别人说一句，就要和别人争论到底。若是争论的时候自己输了，就大吵大闹，说别人是在欺负自己，好像全世界都欺负他似的。

他们习惯以自己为中心，总觉得别人什么都要听自己的，虽然他们偶尔还是会问一下别人的意见，但根本就不会采纳。他们总是一意孤行、固执己见，别人若给一点意见或者建议，就觉得别人是不认可自己，不喜欢自己。时间长了，还会有人给他们意见吗？别人对他们的事还会关心吗？

要记住一句话：真正愿意为你提建议的朋友才是真心对你好的朋友。

还记得电视剧《欢乐颂》里的关关吗？因为帮同事签的文件出了问题而被上司批评，那个时候的关关非常委屈，向安迪倾诉的时候还忍不住哭了，但安迪问关关："你是想听真话还是假话？"

关关选择了听真话，安迪告诉关关："比起你和同事之间到底是因为什么导致了工作失误，或者又是谁的个人原因导致了工作的失误，你的上司根本不会关心那个过程，他只在乎你能不能把工作做好，能否把损失减少到最小或者找到最好的解决方案。"

我们也可以看出，虽然安迪的真话有些不好听，但是她是真心为关关好。

生活不能独立，总是依赖别人

在你未满18岁之前，你的生活都是你的父母为你负责，包括你的很多比较重要的决定，都是你的父母帮着你作决定。可是，你别忘了，人终究是要长大的，很多事情，我们都要学着自己去做。

我还听到了这样一件事：有一个同学都读到大学了，还不会自己洗衣服，每个月都要把脏衣服打成包裹，用快递寄回家让妈妈洗。我真的想说，就算你真的不会手洗，学校总有洗衣机吧，投两个一块钱的硬币，衣服一放，洗衣粉一放，关上盖子等时间到了晾晒一下不就行了。如果学校没有洗衣机，学校附近总有干洗店或者洗衣店吧，至于把脏衣服邮寄回家给你妈洗吗？

还有一类同学，从小被父母娇生惯养，总是喜欢依赖别人，没有自己的主见，出门坐个车也要问别人，写个毕业论文也不能自己完成，就连出门吃个饭，自己一个人也不知道吃什么。总之，他没有一件事能够独立完成，几乎都是别人帮他完成的。我想，一次两次，别人愿意帮你，时间久了，谁还愿意一直帮你呢？这一类人，就不要怪别人会避开你，疏远你。

爱说别人闲话

老话说得好，"祸从口出"。但在现实生活中，总有那么一群人，爱嚼舌根，爱说别人闲话，甚至是坏话。人家开了一辆好车，你在背后说她是钓了一个有钱人，当了小三；一个女人稍微有点钱，就在背后说她的钱都是男人给的，或者你看见她跟上司关系好，你就说她跟上司有一腿；邻居的儿子从国外回来了，你一直没有看见他去工作，你就到处说人家是因为书读得太多了，所以成了书呆子。你还劝别人少看点书，说书看多了人会变傻。我想，时间久了，你身边的人都会躲着你。

你那些别人不喜欢的坏习惯还有很多，远不止这些，上面这几条，是否有一条说中了你呢?

我们都知道，想要做一个被大家都喜欢的人并不容易。那在未来的生活中，如果你能慢慢地改掉坏习惯，也算一件幸事了。

重视自己的形象，
让未来和自己一起美丽

◁

I

L君说要带我参加一个饭局。

那天我刚从家赶回来，早上出门化的淡妆也花了，头发也黏腻得自己看着都觉得恶心。

我一脸不高兴地说："你怎么提前不通知我有朋友在？你看我，头发都成这个样子了，等我收拾一下再去吧。"

L君说："好，我等你。"

我洗了洗头发，换了身衣服，看着一头清爽飘逸的黑发，我才找回来一点舒服的感觉。我又照了照镜子，用包里的散粉补了一层妆。这才出去见L君和他的朋友。

到餐馆的时候，大家刚刚坐下来，我看到饭桌上有水，就顺手从包里翻出纸巾把桌子上的水擦干了，然后替L君和他的朋友们把面前的桌子也用纸巾擦了擦，再倒出茶水，把几个人的筷子、饭碗和杯子烫了烫，然后倒上新的茶水。之后，等菜上齐了，大家愉快地吃了起来。

第二天，L君对我说，他的朋友都夸赞我，说我是个懂事得体的姑娘，顺带夸了L君，说他慧眼识珠，找了个好姑娘。

我重视自己在别人心中的形象，希望自己能给别人留下好的印象。无论在哪里，无论到什么时候，都希望自己是一个让人看起来干净、舒服的姑娘。

II

前几年，我还是一个出门头发凌乱，素面朝天的姑娘，衣服随便穿一件，不挑颜色、不挑款式，反正只要保暖就好。那个时候，我看着从身边走过化着淡妆、穿着高跟鞋的女孩，总是觉得她们太成熟了，无形中夸大了自己的年纪。在我眼里，女学生就该朴素，就该素面朝天，而且化妆伤害皮肤，穿高跟鞋脚会变形，那些经常买化妆品的姑娘简直就是浪费父母的钱。

那时的我并没有意识到，作为一个姑娘，如果你年过18，就要学会经营自己的形象，修炼自己的气质。

如果说18岁以前，你的衣服、你的模样很大程度上都是你的父母在建议、在左右着，那么18岁以后，你的父母不再左右你该穿什么买什么的时候，你就要学会经营自己的形象。你要相信，你的形象会是你一生最贵的名牌，那是花多少钱都买不到的。

我的改变，是从我意识到形象的重要性开始，也是从我的闺密开始。

Ⅲ

闺密鹿鹿现在每天早上都要提前一个小时起床化妆，她就是那种不化妆不出门的姑娘。

看过电影《那些年我们一起追的女孩》的人都知道，沈佳宜是公认的女神，我的闺密鹿鹿在校服时代就是像沈佳宜一样的女孩，追她的男生掰着手指都数不清。那时的鹿鹿留着长及腰的直发，眼睛又大又双，睫毛又翘，水汪汪的，仿佛会说话一般，整日素面朝天，却依旧美得令人赏心悦目。

可是，颜值再高的女孩，还是有不完美的地方。

大学的时候，鹿鹿交了一个男朋友。一开始，是鹿鹿先喜欢上他的。鹿鹿被他的阳光开朗所吸引，后来，那个男生同意和鹿鹿交往，鹿鹿特别开心。

可是，随着相处而来的是鹿鹿没有想到的失望。那个男生经常拿鹿鹿和其他女生作比较。最初的时候，鹿鹿也不在意，还是一如既往地对他好。

交往了快一年后，鹿鹿问他："你怎么从来不带我去参加你的朋友聚会？"

那个男生看了鹿鹿一眼，不高兴地说："你看看你，一点都不会打扮，我怎么敢带你出去？"

还有一次，那个男生不顾鹿鹿的感受就直接说："你这件衣服太难看了。"

他那么说的时候，鹿鹿只是低着头不说话，可他似乎还没有意识到自己的言语已经伤害了鹿鹿，于是又继续说道："你看，那个走过来的女生，是不是很好看？"

鹿鹿抬头看了看他说的那个女生，不知道为什么，自己的心却疼了起来。

有人说，如果你真心喜欢一个人，你就会觉得，他的缺点也是他的可爱之处。而且恋爱的前提就是要学会尊重彼此，但鹿鹿从他那里没有得到应有的尊重。在那一瞬间，鹿鹿意识到，眼前的那个人并不值得她喜欢。

IV

鹿鹿提出了分手，那个男生很生气，他说："我是怎么着你了？你们女生动不动就提分手，有意思么？"

鹿鹿说："我不是动不动就分手，我是真的要分手。"

分手，是留给自己最后的回旋余地，她不能再接受他一而再再而三的不尊重。

分手后，鹿鹿的形象一改从前，把留了长及腰的长发剪成了短发。那时候《小时代》正在上映，鹿鹿的五官和郭采洁比较像，于是，她毫不犹豫地剪了短发，脱下平底鞋，穿上高跟鞋，化着精致的妆容。鹿鹿仿佛一只蜕变的蝴蝶，变成了一个冷艳的女王。

恢复单身后的鹿鹿没有停止努力，法学专业的她，日日刻苦学习，为了司法考试，经常在图书馆一呆就是一整天，困的时候，就靠咖啡提神，鹿鹿告诉我，那段时间，她喝完了几大瓶咖啡，看着那些空瓶空罐，都觉得自己有些不可思议。她说，与其放下身段，去讨好一个男人，还得不到任何笑脸，不如投资自己，做高质量的单身姑娘。

有时候，女人狠下心来，总会爆发出惊人的力量。那段时间，鹿鹿疯狂地迷上了摇滚，迷上了说唱，为了参加草莓音乐节，鹿鹿不远万里只为去现场感受一次心之所向。看到鹿鹿在朋友圈更新的照片，骄傲得像个女王，我感觉，这个小女人骨子里似乎就有一种韧性。

司法考试通过的那一天，鹿鹿给我发消息，她说："宝贝，我的努力终于没有白费。"

我说："宝贝，你的努力配得上你的成绩。"

鹿鹿从外表到骨子里都在改变，她在人生的道路上越走越好。

V

当鹿鹿气质出众地从那个男生身旁走过的时候，那个男生不知道有多后悔。他肯定从来没有想过，那时自己满不在乎的前女友居然变成了一只美艳的蝴蝶。她从他身边骄傲地走过，竟然不带任何表情，只留下<u>丝丝</u>余香。

他很想再去抓住什么，却发现，他在当初不懂珍惜与尊重的时刻，早已失去了鹿鹿最真诚的爱。

如果你想要得到一个人最好的爱，前提是，你要学会尊重别人，学会先去爱人。

鹿鹿说："年少的时候，总是觉得素面朝天就好。可是，经过那一次失恋，才明白了一个道理，男人都是视觉动物，在这个看脸的时代，别奢望会有一个王子般的男人能透过你邋遢的外表看到你高贵的内涵。你的外表，你的形象，在何时何地都重要。"

不是说要你穿多么名贵的衣服，不是说要你打扮得多么花枝招展，而是说，如果你想做一个有气质的姑娘，你要学会穿一些适合自己的衣服，你要学会了解衣服的款式，了解衣服的颜色，也要对自己的肤质以及身材有所了解。

VI

20岁以后，你要学会控制自己的身材，管住自己的嘴，不要不管不顾地把高热量食品往自己的嘴里塞，不要等自己满腹赘肉才想起来要去锻炼。你要有一支适合自己的口红，在必要的场合里，让自己气色更好，让自己更自信。

20岁以后，你要学会挑选适合自己的护肤品，从补水开始，如果有时间，请你坚持敷补水面膜。呵护自己，从呵护自己的肌肤开始。在这个看脸的时代，如果你连你的脸都不在乎，我不知道你还能在乎什么。你要相信，没有人希望看见一张满面油光、毛孔粗大的脸。

电影《穿普拉达的女王》里有一个片段，让我记忆犹新。安妮·海瑟薇饰演的安迪意外获得了在时尚杂志《天桥》做主编助理的工作，她的同事艾米利和其他同事曾嘲笑她开始的着装像穿着外婆的衣服。

安迪开始意识到，一个做时尚工作的人，如果自己本身都不能诠释时尚，又怎么能够让人信服自己可以胜任时尚工作。于是，安迪开始改变，从一个穿着普通的女孩，变成一个懂得服装搭配、妆容精致的女孩。

在很多场合，你的形象都很重要。当你去应聘的时候，如果你不穿正装，不化淡妆，衣着看上去不整洁，虽然你有着很强的能力，但面试官看了你一眼很可能就没有了下文。

无论何时何地，请你不要随意地对待自己，好好经营你的形象，你的形象会是你一生最好的名牌。

THREE

每天给自己
一点正能量

愿每天让你坚持早起的，
除了梦想还有自律

◣

I

念大学以后，每天让我坚持早起的就是上专业课这件事。只要有课，我每天早上就会在七点钟准时起床，就像高中的时候每天早上六点半就要准时起床一样。

但是到了周末假期或者没有课的时候，我就再也没有一点早起的动力了。高中的时候坚持早起是因为要去早读，不去早读就会被扣操行分，到了大学坚持早起是因为上专业课教授会点名，被点名了人未到会被扣学分。

一直以来，我都觉得没有什么，似乎印象里的"休息日"就该是拿来休息的观念没什么改变，睡觉、聊天、发呆，或者看电影，反正怎么轻松怎么来。直到大四这一年，我没有了专业课需要上，除了准备毕业论文就是准备参加工作考试以外，我发现每一天似乎都成了以往的"休息日"。

这一年，不管是平时还是周末，还是放假，全部都成了一样的"休息日"，似乎每天不管你怎么玩，也没有人再约束着你去做什么。

但现实的残酷，让你不得不好好约束自己，不得不为了拥有一份体面的工作好好奋斗。

II

像我之前报考的国考岗位，一个岗位只要一个人，但报考同一个岗位的却有两三百人，稍微好一点就是一百多人，它意味着你要和几百个人争一碗饭吃。我一直都以为，那是在与别人竞争，所有和你报考同一个岗位的那些人，就算你不知道他是谁，但他们都是你的竞争对手。

直到从我决定要好好准备参加省公务员考试的那一刻开始，我才发现，其实没有一个人是你的竞争对手，你也不需要和别人争什么，因为你最大的竞争对手就是你自己。这完全就是一场你自己和自己的战斗。

每一天，除了和真题战斗，我还要和自己的内心战斗，和自己的懒惰战斗。我第一次感觉到，备考的过程就像一场没有硝烟的和自己的战争，你稍微松懈一点，就很可能会与胜利失之交臂。

之所以让我有如此深刻的感受，是因为我第一次开始明白"努力去争取自己想要的东西"是什么样的感觉。这一份努力，不仅仅是你的努力，还掺杂着家人的期待、朋友的期待。我不想辜负他们的期待，也不想辜负自己的期待。

III

这一年，我的时间变得紧迫而珍贵，每一天似乎都过得飞快，我总感觉有太多想要做的事、计划做的事都来不及做，时间就在我的指尖悄悄溜走了。一向骄傲任性、我行我素，但在这一年我开始乖乖学习，认真努力地生活。

以前的我就像一只刺猬，把自己紧紧包裹起来，害怕别人知道点什么，时不时地就要叛逆一下，觉得那才是"活出自我"。现在才知道，那些曾经以为"轰轰烈烈"的青春多么的幼稚。我们每个人都要成长，只是成长的方式不一样，有些人比较温暖，有些人充满疼痛。

在心底潜藏的那个梦想，我们无比渴望。似乎不管你是什么样，为了你的梦想，你都会变得勤奋起来，那是你第一次，那么想为了实现一个梦想而努力地去付出。你害怕错过它，所以你认真去奋斗。

姑姑告诉我，女孩子一定要好好对待自己，特别是自己的胃。刚参加工作的时候，姑姑每天都有做不完的事情，似乎吃饭都成了浪费时间的事。可是直到有一次，胃实在受不了了，姑姑病了，住了好久的医院。后来才知道，不管再怎么忙，做的事情再多，都要好好吃饭。

不要用一包泡面或者几块面包草草地打发自己，你的胃只有一个，你不要亏待它。如果你没有时间买菜做饭，那你也要学着给自己煮一碗面条，煮面的时候记得给自己加一个鸡蛋，下点蔬菜。

每天让你坚持早起的，除了你追逐的梦想以外，还有自律。无论是思想上的自律还是生活习惯上的自律。

IV

我第一次感觉到自律的重要性，是从坚持写作开始的，那是我第一次感觉到为梦想而坚持的美好，它让我第一次明白了坚持的意义。

大三上学期，是我专业课排得最满的一个学期，每天几乎从早上到晚上都有课，有时候，连午饭都来不及吃，就又赶着去另外一个校区上课。

但尽管如此，每天晚上坚持两个小时的写作是雷打不动的，除非我有特别的事或者生病了。坚持了三个月，换来了第一本书的出版——一本青春小说，实现了自己一个小小的梦想。自那以后，我在写作的道路上一直坚持走到现在。

一开始，我没有想过要成为一个作家或者挣多少稿费，那个时候只是单纯地热爱写作，渴望我的文字能够被更多的读者看到。

我从高中开始喜欢读青春小说，到大学几乎两天一本的电子小说，再到一周两三本的去图书馆借书看，如今买书收藏和阅读写作已经成了我生活中不可或缺的一部分。

有人热爱足球，有人沉迷游戏，而我沉迷阅读。在我看来，这只是一件很平常的事情，阅读还可以让我认识更多同一类型的朋友。

一件事，你坚持做三个月，成为一种对自己的自律，到最后形成习惯，它就已经不再是一种单纯的自我约束了。

V

是什么让我们坚持早起的？

或许你是为了追寻梦想，或许你是单纯地喜欢早晨的空气，或许你是为了一天不得不做的工作，又或者你是为了克服自己的懒惰，想让自己过上自律的生活。

特别是女孩子，更要坚持早睡早起，最好每天坚持一个小时的阅读，洗完澡的时候记得擦上润肤乳，学会拒绝男孩子的邀请，不要出去玩就夜不归宿，不要看到喜欢的东西就一点都克制不住。

愿自律的生活能够帮你奔赴梦想，实现愿望。

正因为我是女孩子，
所以才那么努力那么拼

◺

I

大三那一年的春节，是我唯一一次没有和家人在一起过年的一个春节。母亲打电话过来问我能不能向堂姐借一点钱的时候，我的心特别疼。母亲说家里真的是连几千块都没有，真不知道年要怎么过才好。

那个时候，我在堂姐的夫家帮堂姐带带小孩，打扫一下卫生，其实做的事情很简单，就是拖地，洗碗，帮做做菜、洗洗衣服之类，说白了就是临时保姆。

堂姐的婆婆是个事业有为的女强人，不到50岁的年纪，很有气质，穿着大方，快过春节的前天，她买了两件大衣，问我和堂姐哪一件好看，其实，都挺好看的。

当堂姐的婆婆说出衣服的价格的时候，我被吓了一跳，绿色的大衣是8000多元，另外一件是10000多元，我想起母亲让我帮借一两千块钱的时候,我的内心极不平静。那是我第一次感受到穷人与富人的生活差距,我的母亲为过年的几千块钱而发愁,而堂姐的婆婆却在问我们哪件上万块的衣服更好看。

就像姐夫的一辆奥迪车,可能是我的父母奋斗到现在也攒不出的钱。

我暗自下决心,将来的我,也可以买自己的房子买自己的车子,过年的时候能够给父母包很大的红包,让他们不再为基本的生活而发愁。

II

朋友说:"十三,你一个女孩子非得要奋斗什么房子、车子的多无趣,你想要那些,嫁一个有车有房的有钱人就可以了,况且你长得还可以。"

我说:"婚姻又不是为了换取什么。"朋友笑笑,说我就是脑子不开窍。

那是我第一次感觉到被轻视,因为我是一个女孩子,所以我想要什么,就不用靠自己吗?嫁个有钱人,那确实是我可以得到那些东西最直接、最快的方式,可是,那样得来的一切并不能让我感到快乐、踏实。

我一直坚信,只有靠自己努力得来的东西,才是感觉最安心、最踏实的。

我可不想哪一天不得已离婚的时候，我的老公对我说："十三，车子房子都是我的，你没有付出过一点，所以你别想着得到任何东西。"那样的场景是我不想面对的，也不希望发生的。所以，我更坚定，即便是恋爱，即便是结婚，也要做一个经济独立的女人。

III

小时候，父母出去打工，我和妹妹成了留守儿童，被迫送去镇上和爷爷奶奶在大伯家生活，那个时候，我和妹妹在镇上念小学。

有一次，妹妹不小心把宿舍大院一个女同学的皮凉鞋踩坏了一只，那个女同学一直喊着要我妹妹赔钱。那一年，我和妹妹的生活费是一个星期20块，妹妹赔了那个女同学15块，因为父母不在身边，我们不敢和奶奶多要，所以，那个星期妹妹和我一起吃饭，一碗饭我们两个人一起吃，不敢和长辈说。

父亲回来招工的时候，来看我和妹妹，给了我们5块钱。周末的时候，妹妹忍不住嘴馋，拉着我去小卖部买糖吃，等我们跑到小卖部门口的时候，妹妹发现她把身上那5块钱弄丢了，她抱着我哭得很伤心。

她说："姐姐对不起，我不是故意的。"那一年，她8岁，我10岁，我们都还是小孩子。

后来我才知道，父亲回来招工被骗，他把全身上下的5块钱都给我和妹妹了。那一年，父母在外省打工并没有赚到钱，母亲因为患病浮肿得厉害。

母亲终于回来的时候，我期末考试得了全班第一，那是第一次，城里的小孩觉得我很厉害，母亲知道我的成绩为我感到骄傲，但她的病情却在加重。那一年，我随母亲去了外公家，我们靠粘火柴盒赚点生活费，那个新年，我和妹妹都没有新衣服。后来，母亲病得实在厉害，亲戚们凑钱让母亲住了院。

母亲捡回了一条命，我也长大了一些，从一个小孩子变成了一个懂事的小姑娘。那段时间，我和妹妹去亲戚家都被嫌弃，因为我家真的穷得不能再穷，他们都怕我和妹妹多吃他们一碗米。原来，遭遇冷眼相待的时候，让人特别难过。

那个时候，我多么希望自己快点长大，这样，我们就不用再寄人篱下，就不用再小心翼翼地生活。

IV

大二的时候，因为妹妹生病，我的身体也出现问题做了个小手术，我的成绩一落千丈，期末考试成绩排名全班40多名，连申请困难补助的资格都没有。

记得那个时候，我打电话给班主任，让她帮帮我，因为我家实在困难。可是，无论我怎么说，班主任只说了一句话，没有办法，你的成绩不合格。那个时候，我为自己的不争气掉了眼泪。但冷静下来想一想，哭是没有用的，哀求也是没有用的，我能做的就是静下心来好好把专业课学好。

那年，我以从来没有过的认真态度好好学习，后来的期末考试我考了班级10多名的成绩，终于有资格申请困难补助。当我拿到那笔钱告诉母亲的时候，母亲说："你省着用，这个月就不给你寄生活费了。"那个时候，我知道，我为母亲减轻了一点负担。

再后来，我写的稿子也经常拿到一些稿费，做家教什么的也能赚些零花钱，与此同时，在大三最后一次期末考试中，我考了全班第五。母亲知道这个消息的时候，很开心。不管做什么，我都觉得自己很有底气。那个时候才知道，原来努力学习获得好成绩是那么有成就感。

出书的时候，学校奖励了我800元，那时候，我拿着那些钱，心里是那么踏实，那么满足，因为那些钱都是我靠自己的努力赚来的。

V

作为一个女孩子，为什么要那么努力那么拼？

或许，是因为从小家里就很穷，所以长大后不想再过那样的生活，不想再像父母一样为生计发愁。

或许，因为不想被别人轻视，不想被说"你想要什么，嫁个有钱人就可以了"，不想被说"女孩子读那么多书干什么"，不想被

说"女孩子在家相夫教子就可以了，工作干什么"。不想听到的，
太多。

只有努力拼搏，才可以过上自己想要的生活，才可以活得骄
傲，活得自信。

为了不想生活苟且，可以把眼前都过成诗。每个人都有一段难
走的路，都有一段寂寞而孤独的岁月。每个人都会经历风雨，每个
人都会长大，但是作为一个女孩子，最好的成长就是学会坚强，独
立生活。

我没有因为我的家庭贫困就觉得自己是可耻的，我没有因为
我现在买不起昂贵的衣服就闷闷不乐，因为我相信，只要我足够努
力，就可以拥有自己想要的东西。我没有觉得因为梦想遥远就不去
追，因为我知道没有人可以阻止我想要拼搏的心。

青春只有一次，愿你不负生活，不负自己。

在二流大学的四年，
你学到了什么

I

时光匆匆，不久后的我就要告别四年的大学生活，迎来学生时代属于我的最后一个毕业季。记得收到高考录取通知书的那一年我17岁，那时的我还是一个对新生活怀着美好期待的少女。

其实，一开始知道自己的高考分数只能够念一所二流本科学校的时候，我的内心是难过的。在那个时候的我看来，考上一所二流大学就等于高考失败，我无数次想过要去复读，圆自己的重点大学梦，但未能如愿以偿。

但我不得不承认，四年的大学生活成就了现在的我。四年的时间，我到底学到了什么，我想，有一些东西或许对你是有所帮助的。

在大学，孤独是一种常态

读高中时，我有两个要好的闺密，吃饭一起，喝酸奶一起，就连课间操上厕所都要手牵手一起去。可是，到了大学，我们三个去了不同的学校，被迫分离。我们都认识了新的朋友，但是我们发现，就算认识再多的新朋友，再也没有人能够取代我们仨任何一个在彼此心里的位置。到了大学以后，你会发现，即使每天都住在一起的舍友，你也未必能打开心扉，无所顾忌地说上几句心里话。

你会发现，大学里的朋友再多，你依旧孤独，那种孤独就是找不到一个让你能够放松地说上几句心里话的人。即使你知道那个人是你很好的朋友，你也不会主动去打电话和他倾诉，因为你怕一个电话都会打扰他的生活。

而高中时代的那几个知心朋友，不管你们多久没见，只要一见面，你们依旧熟悉。

每个人的生活习惯不一样，融入一个集体，并非一件简单的事，特别是女生宿舍，一件很小的事都能成为导火索，进而引发一场争吵。

你没有及时地参与到舍友的八卦、美妆讨论、一起逛街淘衣服活动中，你就很容易成为"不合群"的那一个，很快就会被"忽视"。但是，我想告诉你，你不必为了急着融入别人的圈子而一味地讨好他人。记住自己想做的事情，然后坚持去做，你会发现，比起急着融入别人的圈子，其实坚持自己更重要。

去考自己需要的证书，而不是跟风考试

到了大学会有很多证书需要考，比如计算机二级证书、英语四六级证书、会计证书、秘书证、普通话等级证书。但是根据专业的不同或者需求的不同，有些证书是没有必要考的。当然，兴趣爱好者除外。

比如，大一刚进来的时候，同学都急着去报计算机等级考试，大家都说很重要，我也很着急地跟着去报了。花了300多块的报名费，又交了80元的考试报考费，还有一些其他的费用，前前后后加起来差不多花了500块，最后的结果是我没有通过。而且学习的内容对于我来说，非常吃力，非常枯燥。

后来，我发现我的专业和计算机不对口，对于我来说，计算机能力只需考过一级就够用了。所以有些考试要看内容的难度，还要看是不是非考不可的，否则就白白浪费了时间和金钱。

当然，坚持"能多考，就多考"的原则，是不错的，谁知道将来哪一天你就用到了呢？证书有时候很重要。比如，中文专业的，要报考语文教师的教师资格证，普通话等级考试必须过二甲，否则，即便你考取了教师资格证，如果没有考过普通话二级甲等证书，很多学校也是不会考虑用你的。

坚持阅读很重要

我经常听到有同学问我："你怎么总是去图书馆借书看，那些

书好看吗？我怎么一页也看不进去。"

有时候，我真的回答不了这个问题，难道你看不进去我就应该也看不进去吗？当然不是，在这个"活到老，学到老"的年代，作为一个有点知识的年轻人，阅读是非常重要的。阅读除了可以增长知识之外，更重要的是，还可以锻炼思维，可以让你学会更好地去思考，去总结，去归纳。

多参加学校社团活动，多交朋友

估计你也听过很多这样的话，"社团活动其实没什么意思"，"你根本就交不到什么朋友"等等。真的是这样吗？

很多事，不要道听途说，只有自己去体验了，去做了，才知道做与不做的区别。大一那一年我参加了很多社团活动，并且也参与了竞选班干部。

参加文学社的活动，特别是征文活动，让我发现自己在写作方面很有天赋，经常在征文比赛中荣获一、二等奖。我发现自己除了会写高中作文、日记，还会写诗歌、散文，在创作小说方面也很有天赋。我在大二的时候就完成了一本青春励志小说，在大三的时候就成功出版上市了。

当然，我之所以第一次尝试写，就写得还不错，是建立在我大量阅读的基础之上的。你读的书多了，自然就会有想要写写什么的欲望。

谈一段不将就的恋爱

不将就得恋爱是在对的时间遇到对的人而恋爱，而不是因为看到大家都恋爱，你觉得一个人孤单、没人陪，就想着找一个差不多的将就着谈一谈。到了大学，即使谈恋爱，你的家人与朋友也不会再劝你"你还小，不要早恋"。但是，你要清楚一个问题，大学里的恋爱确实让人心动，但是恋爱这件事是随便可以将的吗？有时候，迫不得已的时候，我们或许可以将就一下生活，可是，感情呢？我想，不是随便可以将就的吧。希望你能够在大学谈一段认真的恋爱，对方一定要是自己真心喜欢的人。

努力学好专业知识

要努力把专业知识学好，多参加一些学校活动，或者找一两份兼职体验一下自己赚钱的感觉，还可以用攒下来的钱去学习一门你认为对你有帮助的技术或者考取证书，比如报一个舞蹈班学习学习舞蹈，考心理咨询师……只要你感兴趣并坚持下去，你会发现，你对自己的投资，日后会带给你很大的回报。

站在大四的岔路口，我们到底要何去何从呢？如果毕业这一年我们找不到工作又要如何面对呢？怎么才可以找到喜欢并且高薪的工作呢？到底是考公务员还是考教师呢？是去外企还是去创业？我想，上面这些问题，随便拿出一两个就可以把我们自己问倒。

我想告诉你，我和你是一样的，一样的年轻，一样的迷茫，我也会害怕这些问题。但是，我们毕竟不是小孩子了，我们需要面对这些问题，学会对自己负责，对自己的人生负责。

记住，我们首先是为了自己而活，其次，是为你爱的人和爱你的人而活。我想，谁都不想辜负家人与朋友对自己的期待，可是，我们不要忘了，更重要的是不辜负自己。

没有一步登天的事，也没有一蹴而就的成功，我们需要做的就是坚持把身边的每一件小事做好。

生活之事，十有八九会不如意，当你拿到一手烂牌的时候，不要急着大发雷霆，应该静下心来寻找突破口，或许你的烂牌就变成了好牌呢。

也许现在的你，和我一样，也是一所二流大学的学生，但真的没有什么可怕的，因为即使是在一所二流的大学，也没有人可以阻止你选择过上好生活的决心。

记住：我们都有机会成就自己。

年纪轻轻的不要坐吃等死，
要学会投资自己

I

大四这一年，我在图书馆的天数比大一到大三那三年加起来都多。除了准备考试以外，我想逼自己一把，希望在毕业以后回想这一段时光，不是在无所事事中度过。

以前觉得难熬的时光，此时却过得飞快，而我的内心却是从未有过的平静与踏实。不得不说，有时候，成长并不一定要经历多么大的挫折，经历多么痛苦的磨难，其实就是在平淡的时光中你敢和自己战斗。

很多时候，我们会将很多人看作自己的对手，拿来作为与自己比较的对象，似乎那样我们才会充满斗志，更加有勇气去奋斗。可是，细细想来，我们很多时候无不是在与自己较劲。

《老人与海》的故事，每看一次，我都会感动落泪。一位风烛残年的老人，为捕一条大鱼苦苦战斗，他不屈的意志力感染着每一个读者。

老人尚且如此，更何况我们年轻人？

你总是说，年轻就是资本，但是，年轻的你不会一直年轻，不要以为时间还很多，我们都会有老去的那一天。

或许，此时的你会觉得，这些问题太过遥远，何不"今朝有酒今朝醉"，"得过且过"？只是，再牛逼的人，也只有一次年轻，一次青春。

II

很多次，我问自己："十三，你真的喜欢现在的自己吗？"

答案是肯定的，我很喜欢现在的自己。因为我的生活简单而充实，我生活在云南，这里四季如春，有蔚蓝色天空和和煦的风，我无比热爱我的生活。

和很多大四的同学一样，我也在激烈的竞争中去努力，去争取，也许，有时候我走得会慢一些，但是我决不允许自己后退。

有个朋友问我："十三，如果你遇见了曾经伤害过你的人，你会怎么办？"

我说："我会抬起头大步地从他面前走过，因为就算他曾经伤害过我，此时他站在我面前，我却一点也计较不起来，因为生活里需要做的事情太多，去恨一个人太累。何必把自己弄得伤痕累累？"

与其去在意别人，不如把自己经营得更好，特别是女生，要学会投资自己。

年轻时候的我们，很容易为了一个喜欢的人就不管不顾。长大后，我们才会明白，再怎么爱一个人也不能忘了爱自己。爱别人的前提是要先学会爱自己。

如果可以，要做一个独立而又充满爱的人。你只有自己先独立，才会有更多能力去照顾好想要照顾的人；你只有拥有更多的爱，才能给别人更多的爱。

什么时候，我们才可以活成自己喜欢的模样？我想，努力的你，总会遇见更好的自己。

III

曾经的你，或许如我一样，不美丽，且有些自卑。

曾经的你，或许如我一样，不勇敢，且有些怯懦。

曾经的你，或许如我一样，不努力，且有些懒惰。

但是，我想告诉你，不管曾经的你是什么模样，请你好好地与过去的自己告别。

唯有好好地告别，放下过去，你才能更好地把握现在的自己。唯有好好生活，好好爱自己，你才能更加无所畏惧。

投资自己，从练就一颗强大的内心开始

这个世界真的很残酷，你不能遇到一点小小的挫折就不知所措，遇到一点悲伤就要死要活。别人不会因为的你软弱就格外包容你，不会因为你的脆弱就怜悯你，不会因为你的悲伤就同情你。你只有学着练就一颗强大的内心，才能更好地面对生活中的各种难题。

投资自己，从经营好自己的形象开始

在这个看脸的时代，你真的以为靠脸就可以了？不是的。你长得很漂亮，但一开口都是脏话，别人还会觉得你好看吗？你长得很漂亮，穿着却低俗邋遢，别人还会觉得你好看吗？

从现在开始，好好对待你的脸，好好对待你的身体，提升自己穿衣的品位，不要把大牌穿出地摊货的感觉。如果反过来，你能把普通衣服穿出大牌感，恭喜你，你很厉害，你是个穿搭高手。

年轻女孩子偶尔可以化一次精致的淡妆，化妆品不用多，一瓶隔离霜或者一瓶BB霜，一支眉笔，一支口红就足够。买的时候买稍微好一点的，这类东西能用很久，平摊下来，就算几百块一支，一天也才几角钱。有些账要会算，不要图便宜伤害了自己的皮肤。

学习穿搭技巧，了解自己的身材、肤色，以及适合的衣服风格。好身材都是锻炼出来的，一定要坚持运动。时间会给你答案，告诉你，你做的这些，都是值得的。

投资自己，从拥有健康的身体开始

健康的身体是革命的本钱。这个道理很简单，做起来却不容易。

想要健康的身体，除了坚持锻炼以外，吃的也要健康。女孩子要少吃一些垃圾食品，特别是薯条瓜子等，吃多了容易上火、爆痘。少喝碳酸饮料，多喝水，多吃蔬菜和水果，还有少吃方便面。

吃货谁不想做，但不要乱吃。当你觉得身材不够好，容易生病的时候，问一问自己，是不是忘了管住自己的嘴巴呢？

IV

只是做到上面那几点当然远远不够，如果你还年轻，不妨培养一种自己的兴趣。不管你年轻还是年老，兴趣真的很重要，不然你的生活真的就少了一份乐趣。

如果可以，请学习一门技艺。不管是绘画还是书法，或者是插花。总之，你要有一样能够拿得出手的东西，会做饭也不错啊！

光有形象和技术还不够，最重要的是提升自己的气质。

培养好的气质，从坚持阅读开始。一个喜欢读书的人，相信他的内心是丰盈的。

培养好的气质，还要好好与别人说话。把话说好真的很重要，说话谦和，学会倾听别人。

最后，不要觉得你年轻，就可以随便任性。记住，任性是要付出代价的，你要学会为自己的任性买单，学会承担因为你的任性带来的一切后果。不可能总是有人包容你，不可能总是有人会为你善后。

这个世界，没有你想的那么容易。

V

年轻的你，不要总是忧伤，不要总是迷茫，不要总是着急地想要得到一切。你只有先付出，才有会收获。

从来没有不劳而获的美丽，也没有一蹴而就的成功。你那么年轻，何不多花花心思好好经营自己，好好投资自己？

你就是值得投资的宝藏，你要相信，自己身上有无限的潜能需要自己去开发。

把时间用来投资自己，你会邂逅一个更好更美丽的自己和一片美好的未来。

我希望有一天，能够与那个最好的自己不期而遇。

我希望有一天，许下的愿望都能够成真。

我希望有一天，能够勇敢地面对生活，无所畏惧。

我希望有一天，成为独一无二而又无可替代的、骄傲的自己。

坚持把每一件小事做到极致

◣

I

我念高中的时候，经常听我的英语老师说，背单词没有什么诀窍，秘密就是一句话：重复是记忆之母。

那时候，学习英语并不是因为兴趣，而是为了高考，学习英语总是很被动，有时候就是自己逼着自己学的。但不得不承认，看着散乱的单词重复来重复去，不经意间却能够默写出来了，那也是一种成就感。

高中的时候，我背文言文很快就能够记住了，方法就是一遍又一遍重复地读，还没有读到100遍的时候，就已经记住了。

所以，有时候，那些说记不住单词、背不出文言文的同学，我有些无法理解，就算是死记硬背都背下来了，如果再加上理解就更容易记住了。

不是记不住，而是你太懒，不愿意去做。之所以到现在还能够记住我的那位英语老师，就是因为她总是在守我们早晚读的时候重复这句话：重复是记忆之母。说的次数多了，不经意间就刻在我心里了。

我从小就体质不好，特别瘦，体育特别差，别的同学最喜欢的体育课却成了我最讨厌的课。可是，那时候害怕体育课的我在中考体育考试的时候却取得了满分。

当我知道成绩的时候简直惊呆了，特别是我最害怕的800米跑，我得了满分。如果现在让我去跑，估计4分钟都跑不完，可是，14岁的我却做到了。那一次体育考试的满分，一直让我相信，坚持下去，你就会与惊喜不期而遇。

其实，我的方法就是每天都坚持跑四五圈。那一年，我们的学校搬去了郊区，学校还在建设中，没有体育场跑，只能围着几栋教学楼跑，那时候路还没有修好，不是石头就是沙子，或者跑着跑着就踩到了一个坑，可是，我们还是必须跑，而且每一圈都超过1000米。

除了体育老师天天逼着我们跑，还有就是我们都想考上高中，都积极努力地跑。结果是好的，我不仅考上了高中，还考上了重点班。

那是年少时，我记得最深刻的一句话：重复是记忆之母。

II

15岁那一年，我看见一个特别清秀的男孩。他向我走来的时刻，不受控制的我的脸立马就红了。

从遇见他的那一天起，我就把与他相关的事情记录在我的日记本上，从不会间断。那些不敢和他说的话，那些想要说却又说不出口的话，那些与他之间发生的快乐的、悲伤的事，全部变成文字被记在了我的日记本里。

这个日记一写就是整整三年，全部加起来有厚厚的6本，除了最后一本在我手里，其他5本我都在高中毕业的时候送给了那个男孩。

那个男孩就是F君，日记写到第一本一半的时候，我和他第一次争吵了；日记写到第二本结束的时候，我们分班了；日记写到第三本的时候，都是他为我做的那些感动的事；日记写到第四本的时候，F君和另外一个女生恋爱了；日记写到第五本的时候，我把所有告白的话都写在了这本日记最后那一页；日记写到第六本的时候，我们高考结束，我和F君去了不同的地方念大学。

后来，F君成了我的男朋友。F君告诉我，那些日记还未看完。等F君看到我给他的第五本日记的时候，我们已经快读大三了，他说他看哭了。

后来，我们在一起了，是异地。有个假期，F君对着视频把我给他的那五本日记一篇一篇地念给我听。我听着那些曾经我写的日记，感动得稀里哗啦的。原来，那个时候的十三，那么执着，那么疯狂，那么傻。

再后来，我的朋友说："十三，你的爱情就是你努力来的。"我说："是啊，人是我追来的，爱也是我努力来的，现在换他努力对我好了。"

现在，F君对我好得不像话，浪漫得不像话。我对F君说："要是你现在对我做的事情，高中的时候就为我做了，我会高兴得几天几夜都睡不着。"

F君说："为什么？"

我说："因为那个时候我最喜欢你。"

爱情里的努力并不需要多么的惊天动地，有时候，就是一件很小的事，一直重复着去做，就会收获美丽的爱情。

<h2 style="text-align:center">Ⅲ</h2>

我想，努力并不需要多么的刻意，多么的用力，只要你能够把一件很小的事情坚持做到极致就可以。

如果你要练习英语听力，就重复地听一盘磁带，直到能够把里面的每一句话能够复述下来。

如果你要学习策划，不妨把人家策划过的经典的案例重复看上几十遍，直到能够记住为止。

如果你要学习绘画，不妨先重复练习把一个鸡蛋画好。

……

努力，就是你不断坚持的过程，是你愿意忍耐枯燥，能够把一件很小的事情重复做下去的过程。

努力，是你"不积跬步，无以至千里"的决心，是你愿意挑战自己的勇气。

最后，祝你成功。

对，你需要的就是拼尽全力

I

公务员省考结束的时候，同学们议论纷纷，说省考泄题对参加公务员省考的同学而言太不公平了，那些有钱的拿着钱买到百分之八九十准确率预测题的同学无疑是第一名，他们肯定能进面试那关。其中有一个同学最气愤，他说，他肯定考不上，因为省考泄题了，太不公平了。我站在一旁，不知道说什么。

我做了一个假设，如果省考没泄题，这个同学就一定能考上吗？显然，这是一个不确定的问题。不管公务员省考是泄题了，或者只是培训机构的一次炒作，努力学习的同学都是有希望考上的啊。

作为寒门学子，我同样报不起那些培训机构的协议班，差不多两三万块钱，就算2000多块的冲刺班，我也报不起。但我知道，如我一样，有许多报不起培训班的同学，他们仍旧默默地在努力复习。

考试前的日子，我最喜欢待在学校的图书馆，那里每天几乎都坐满了学生，大部分都在做公务员试题，多数都是选择自己看书考试的校友。那个时候，做题做累了，抬起头，就可以看到和自己一样默默奋斗的他们，顿时满血复活，充满斗志。

其实，不管最后的结果如何，我很感谢那段自己坚持奋斗的日子，因为它让我明白了，就算结果不尽如人意，毕竟我没有虚度时光。

II

曾经天真懵懂，一直活在象牙塔的幻想里。时间的匆匆，让我更加明白时间的残酷。不得不面对的就业选择问题，也让我更加明白现实的残酷。带着家人期待的我，也更加明白奋斗的意义。

海明威在《永别了，武器》里说，生活总是让我们遍体鳞伤，但到后来，那些受伤的地方一定会变成我们最强壮的地方。就算会受伤，我们依旧还是要勇敢地面对未知的未来。

曾经很喜欢一句话："如果现在的你想放弃了，那么想想自己当初是怎么坚持走到现在的。"既然你都坚持到现在了，既然你还未拼尽全力，为什么不多坚持一下呢？关于爱情，关于生活，关于梦想，你还剩下多少勇气去坚持？

我的伯伯劝我说："十三，你已经大四了，你需要做的就只有一件事，那就是好好看准备考试的书，你的什么写作那些事，最好现在全部都收起来，等你真的找到工作了，你再继续你的爱好。你不要想着自己喜不喜欢，你得先有工作啊，你要先找到一个可以生存的饭碗。"

我的伯伯算是我们小家族里说话最有分量的人了，前几天终于忍不住给他打了一个咨询电话，他在电话里语重心长地说："十三，我告诉过你多少次了，你就是要一心一意地看书，只要你考试能考第一名，你找工作的事就没太大问题。"

那一瞬间，我只有一个想法：我的世界，你们不懂。

谁不会说那些条件语句，只要怎么样，就能怎么样。但是如果每个人都能满足条件，是不是就不用这么纠结了？或许是我太过敏感，总觉得我的心被一支冷箭射中，虽未见血，却疼得厉害。

我不敢告诉父母，我一直在坚持做自己喜欢的事——写作。我也知道他们的意思，只是让我缓一缓，并不是要我完全放弃，让我别太把写作当一回事，别太沉迷其间。

可我觉得，在写作这一条路上，让我缓个一两天也许还行，让我缓个几个月，我是做不到的。这世间所有坚持都是因为热爱，我也不例外。

III

如果你想做一件事，就将其坚持下去。不管面对多大的外界压力，不管听到多少反对的声音，都不能阻止你坚持下去的决心。有时候，热爱很神奇，它让你找到了一种精神上的支撑，一种寄托，让你的世界充满了色彩。

　　每天都要坚持写点什么，无论是几句话，还是一篇文章，我并没有花太多时间，只是把别人拿来看一部电影的时间，看一期综艺节目的时间，把别人出去聚会玩耍的时间，都用来写文章罢了。

　　就像努力不需要多么刻意，而是坚持把每一件小事都做到极致一样，坚持也不需要多么刻意，你能把热爱的事情坚持做下去就可以。喜欢一样东西，不需要投入太多的精力，只要能够坚持喜欢下去就好，每天一点点，从量的积累到质的积累，你一定会有所进步，有所突破。

　　不管外界怎么变化，只要找到对的方向，不管听到什么，好的还是不好的，我们都能够一如既往地坚持下去，做自己所热爱的事情，那是多么令人愉快的一件事。

以为过不去的，终究都会过去

22岁，她为了找一份体面的工作，租了一个小小的出租屋。为了省钱，她的早餐不是干面包就是一个白馒头，路过早点铺闻到肉包子味道的时候，都会忍不住咽口水，但还是舍不得买，因为一个肉包子要比一个白馒头贵5毛钱。

她叫冷冷，我喜欢喊她冷冷姑娘。曾经我以为我的出生已经是很不幸了，但是认识冷冷后，我才知道，原来，我是一个拥有那么多幸福的人。

冷冷是个在单亲家庭里长大的姑娘，她的父亲在她念小学的时候因为一场车祸去世了。冷冷说，虽然对方给她家赔了很多钱，可是，她的父亲却再也回不来了。在冷冷的心中，父爱是无价的。其实，在每一个子女心中，父母的爱都是不能用钱来衡量的。

冷冷说，那段时间，她最怕看见母亲。在她面前，母亲明明很悲伤却还要装作没事。冷冷不在的时候，母亲却一个人悄悄哭泣。那时候，冷冷真的很心疼母亲。

多年后她才知道，那种哭可以用痛彻心扉来形容，母亲那时候一个女人带着一个孩子生活是多么的不容易，但是无论她们的生活多么难过，她们还是要努力地过下去。

日子过得很艰难，但一晃十几年也过去了，冷冷从小学念到了大学毕业。

Ⅱ

小时候，冷冷期望着自己赶快长大，那样就可以帮母亲分担一些家务；希望自己也可以成为一把保护伞，为母亲遮风挡雨。

母亲打电话来问生活过得怎么样的时候，冷冷说："妈妈，你别担心了，一切都挺好的，我最近还胖了几斤呢！"其实，她已经瘦了好几斤。

母亲听了冷冷的话，在电话里说："那就好，好好照顾自己，工作的事不急，我们慢慢找，我们冷冷这么努力，又踏实，一定会找到好工作的。"

挂上电话，冷冷却在想，这个月的房租倒是交了，可是下个月呢？

为了多攒一点钱，工作之余，她还找了一份兼职，帮一个初中生补习数学，每周两个课时，100元钱，有时候是3个课时，150元钱，这样一个月下来也有四五百块钱。冷冷说，她的生活还可以维持下去。有时候，为了省一顿饭钱，她就自己借了口锅，买点挂面，用清水煮煮就吃。

人最孤独的时候是什么时候？有人说，过十字路口，看着拥挤的人群，有一瞬间，不知道自己要往哪里去的时候；有人说，睡个午觉，一觉醒来，天黑了，屋子里就自己一个人的时候；有人说，一个人深夜睡不着，安静得可以听见别人的呼吸声和外面的虫叫声，感觉整个世界就只剩下自己的时候……冷冷说，最孤独的时候，就是明明自己有心事，却不敢和任何一个人提及，无论是遇见家人还是朋友，都不能说，因为害怕一开口，他们就会觉得自己过得其实并不好。

冷冷像一股小溪水，清澈而又美好，有时候又像一只独自闯荡的小兽，令人心疼。

冷冷在拥挤的出租房租住了快一年，每天挤地铁，挤公交车，辗转于大城市的车水马龙中。吃饭的时候，一顿盒饭，一顿面条，一顿方便面，交替着吃，买水果的时候只敢买比较便宜的或者晚上收摊时在处理的水果。

一个人回到出租屋，她害怕孤独，就把音乐的声音开得很大，半夜醒来睡不着，就看几本能够让人满血复活的书。

每当自己快要坚持不下去的时候，冷冷就告诉自己，坚持下去，再努力一点，想着自己拿到工资，就可以去商场给自己和母亲都买几身漂亮的衣服，那么想着的时候，生活也不会觉得有多么难过。

　　过了一段时间后,冷冷换了一份各方面都不错的工作,公司还为员工提供宿舍。冷冷终于不再担心每个月要怎么省钱,怎么攒钱交房租了。冷冷说,知道自己被录取的那一刻,她简直都快哭了。

　　原来,每个人都有一段难熬的路要走,在那段路上,只有你一个人,无论有多少荆棘,都要勇敢地往前冲。

III

　　林徽因说,每个人的一生都在演绎一幕又一幕的戏,或真或假,或长或短,或喜或悲。你在这场戏中扮演那个我,我在那场戏里扮演这个你,各自微笑,各自流泪。一场戏的结束意味着另一场戏的开始,所以我们不必过于沉浸在昨天里。你记住也好,你忘了也罢,生命本是场轮回,来来去去,何曾有过丝毫的停歇。

　　年轻的时候,我们害怕一个人,害怕迷失,害怕孤独。

　　年轻的时候,我们也倔强,固执地相信一个人,固执地爱着一个可能都不会有结果的人。

　　那些我们以为过不去的时光,那些我们以为过不去的人,终有一天,都会过去。翻过叫作青春的那一页,我们虽然曾痛到不能自已,但亲爱的,不要害怕,若你坚持努力下去,一切终究都会过去。

　　此后,岁月漫长,却再也没什么能够轻而易举地把你击碎,迈过那个坎儿,你就是最坚强的自己。

其实你比想象中还要勇敢

◢

I

毕业论文答辩之前的几天，我很紧张，忍不住胡思乱想，比如，要是老师特别严厉怎么办？要是老师提出的问题我答不出来怎么办？要是我紧张过度，开不了口怎么办？要是我第一次答辩不过，第二次答辩能通过吗？万一我不小心抽到了那个1号的顺序签怎么办？

当然，还不止这些，由于太紧张，晚上我还做了一个梦，梦到我的论文丢了，老师提问的时候，我怎么也说不出一个字，突然变成哑巴了，四年的大学难道就要这样遗憾地收尾吗？我一边哭，一边不知所措，没有人能够帮我。

记得论文答辩前几天，我还向我的论文指导老师说："老师我感觉很紧张，怎么办？要是答辩那天我运气不好，还抽到了一个1号的顺序签，那我……"

论文指导老师发来一个微笑的表情，他说："看把你紧张的，今年答辩不会太难啦。"

虽然老师这么说，但我还是控制不住心里的各种担忧。

有句话叫什么来着，怕什么来什么。

II

论文答辩的那天早上，我早早就起来了，收拾了一番，立马往教室赶。因为我们班只有我一个人被分到了别的小组里，也没有同学和我一起。到了教室，我也没看到论文小组的其他成员，结果他们都搬去了另外一栋楼，等我到了的时候，人家都到齐了，加上我一共12个。有个同学说："十三，你的签是1号。"

因为我迟到了，大家已经都把签抽了，剩下一个1号留给我了。我心理更是不舒服了，凭什么呀？就算我晚到了一点点，也不能在没有我参与的情况下就把签抽了吧！不是一个小组吗？不是要团结吗？说好的各种友爱呢？当然这些都是我的心理活动，我哪里敢说什么呀，谁让自己迟到了呢。

看到有几个男生也参加答辩，我忍不住说了一句："你们男生就没有愿意打头阵的吗？我心理素质不是很好啊。"结果人家理都不理我。

本来重心应该放在准备答辩的事情上，结果当时的情绪处在快要崩溃中，差一点点，我就想逃跑回去了。

III

老师来了以后，按我心里的想象：我应该勇敢地举起手说，老师，我要求重新抽签，他们在我没有到场的情况下就把签抽了，这对我不公平。当然这只是我的想象，万一他们给我留下的顺序签不是1号呢？我是不是又在心里庆幸一下呢。

深呼吸了几口，我走到答辩位置，本来就紧张，结果还走错了位置，还走错了两次，大家一片笑声，我更是因此写满了一脸大写的尴尬。一开始还以为论文答辩是站着呢，居然是坐着的。坐着好呀，有安全感。

从来没有答辩过，开场要说什么好呢？想了想"度娘"里说的顺序，立马来了个开场白。老师没说什么，也没有盯着我看。感觉没那么紧张了，我就开始认真地陈述论文选题目的和选题内容。接着就是老师提问，我回答。

整个过程，很快就过去了，我心里还在想是不是死定了，好像重点的也没说，不过好在答辩顺利完成了。

那一个早上，第一个上场的我，感觉自己像奔赴战场的勇士，连我自己都快被自己感动哭了。这么说似乎有点夸张了，但这的确就是我最真实的心里感受。

其实那天抽到1号签的并不是我，而是抽到1号签的那个男同学看我还没有到，就把剩下的2号签拿走了。我就想，我运气不可能那么差呀，当然也没有必要再去纠结把我的2号签拿走的那个男同学是谁，也许，他比我还紧张呢。

在生活中，有很多事情，并不会在你准备充分的情况下才会到来。当你在台上展现那几分钟的时候，如果你出错了，根本没有第二次重来的机会。

IV

在一件事情没有开始之前，我们总是希望自己不要第一个上场，因为是第一个，没有经验，很容易就出错。而第二个、第三个看到你犯的错误以后，就会提醒自己不要犯同样的错误，可以减少出错的概率。可是，现实就是，人生的路那么长，总有一次你会是第一个。

当你就算不情愿第一个上场的时候，难道你还要说一句，对不起，我还没有准备好，或者，对不起，我真的很紧张吗？

亲爱的，不要太天真了，没有那么多人会顾及你心里怎么想。所以，与其紧张，与其想象无数种逃离现场的可能，还不如深呼吸，然后大步向前，勇敢面对，就算真的出错也不要害怕，大不了就重来一次。

总之，论文答辩是一个既严肃又要求高的过程，但也没有你想象中那么难，只要认真对待，态度端正，就能顺利通过。

V

这件事，让我想起了自己之前经历的一件事。

那时候，我读大二，学校里组织教师技能大赛。那一次上场的时候，我真的参与抽签了，还抽到了1号。在那之前，我从来没有站在讲台上讲过课。在比赛之前，我用心准备了教案还有PPT，把教案背熟了，在宿舍里对着镜子练习讲课，练习面带微笑地对学生说话。

我真的很用心、很认真地准备了，可是，在讲课的时候，发生了一件事，原本说好的25分钟缩短到了15分钟，这意味着我可能还没有讲到重点部分，时间就到了。

那次比赛的结果可想而知，我连初赛都没有进，而且在讲课的过程中，我只忙着播放PPT，却忘了板书的书写。在教学环节中，板书是重要的环节之一，是绝对不能遗漏的。

那天，我第一个上场，漏洞百出，比如PPT的字体太小了，颜色太花了。总之，那些问题是我之前没有想到的。

虽然结果令人遗憾，但是通过那一次失败的比赛让我明白了，有些事情，你不一定取得什么成绩，但是你参与了总能发现问题，总能学到点什么，比你什么都不知道要好。

虽然，你没有得到预想中的结果，也没有如想象中站在颁奖现场迎接属于自己的荣光，但在这个过程中收获了从来没有学到过的东西，比如，第一个上场并没有什么好怕的，出错也没有什么好怕的，真正可怕的，是你没有面对一切的勇气。

记住，没有什么坎是迈不过去的，生活如此，学习如此，你真的可以比想象中还要勇敢。勇敢迈出第一步，一定会有惊喜等着你。

别麻痹自己了，
你除了懒没别的

I

橘子姑娘长得有些胖，她总是喊着一个口号，"从明天起，我要减肥，瘦成一道闪电"。然而现实就是，她的口号我听得耳朵都快起老茧了，她还是在原地踏步。

橘子姑娘有个爱好，就是非常喜欢去网上看那些减肥成功的案例，特别是"成为女神没有捷径""没有瘦过的人生不叫人生"之类。每次看完那些案例，橘子姑娘就像打了鸡血一样，一晚上都兴奋得睡不着。可是到了第二天早上，她依旧趴在床上呼呼大睡，没有去跑步，也没有去吃早餐。

橘子姑娘每次都说，"从明天起，我要减肥，瘦成一道闪电"，但是她从来没有踏出过第一步，更别说完美的健身计划，坚持吃营养餐的计划了。

柚子姐说："今年我一定要变白，一白遮三丑，白白白。"结果就是，她连一周敷三次面膜都坚持不了，花了100块钱买了一瓶防晒霜，可是三个月过去了防晒霜连三分之一都没有减少。

七七学妹说："这个学期，我一定要把英语四级考过。"但现实就是，到快考试了，她连两套真题都没有做完，买了一盘听力磁带，连一期都没听完，她之前说"我每天至少要记十个单词"，其实她坚持记了三天就没有然后了。

成绩出来的时候，结果令她心碎，她在朋友圈发了一条说说："我待英语如初恋，英语虐我千百遍。"后面跟着几个"哭和心碎"的表情，然后又补充了一条："今天英语考试没有过，我要逛街去安慰一下受伤的心，心碎党走起。"

有时候我想，为什么她们总是喜欢把要做什么挂在嘴边，但是从来没有迈出过第一步，难道从来没有想过要行动起来，对自己说过的话负责吗？

别人的励志文章固然好，别人的成功固然令人激情满满，但是你从来就没有行动过，就会吐槽一句，"然并卵，鸡汤没什么卵用"，有什么用呢？

II

小A姑娘一向活泼开朗，自从上了大学，就特别想参加很多社团活动，比如，她喜欢跳现代舞，因此想参加舞蹈室，同时她还喜欢写作，所以她也想参加文学社。

可是小A姑娘的舍友和小A想法不一样，舍友总是说："哎呀，你们那种舞又扭屁股又扭腰的，还穿什么露脐装、超短裤的，不觉得那些男生总是色眯眯地看着你们吗？我看你呀，还是不用报什么舞蹈社了。"

另外一个舍友，知道小A姑娘想参加文学社，于是又说："你报那个文学社多没意思啊，现在你又不是大作家，写个文章谁会愿意看啊！听说很多写文章的都得了抑郁症了。"

小A姑娘听她们那么说的时候，心里特别难受。小A姑娘一度怀疑自己是朵"奇葩"，有时又觉得那两个舍友是两朵"奇葩"。

不久后，小A姑娘因为参加舞蹈大赛获得了优秀奖，她参加文学社活动，写的一个青春故事获得了一等奖，期末成绩能力部分加分也得到了满分，小A姑娘的总分成绩名列全班第三。小A姑娘又听到一些话了，"她跳舞得奖不就是她很风骚吗？一扭一扭的"，"她写的文章得奖怕是抄袭别人的吧"。这一次，小A姑娘一点也不觉得难过了，也不想解释什么，她们问她的时候，她说只是兴趣爱好而已。

有些人，他自己没有什么兴趣爱好，没什么热爱生活的心，所以，他不懂你的坚持与热爱。

因为他从来没有尝试过，所以他不懂跳舞时挥洒汗水的自如，用肢体表达内心语言的妙处。他也不曾体会用文字诉说故事的趣味，他也不懂自己的文章被读者看到，被发表出来是怎样的喜悦。

他不曾经历，不曾体会，所以他不能理解你的执着。

III

亲爱的，我只想告诉你，什么事情到底有没有用，只有你去做了，你才会知道。你若相信别人的那一句"有什么用"，不过是麻痹自己，或者是为自己的懒惰找借口。

朋友的一个弟弟，都读到大三了，还是说"学专业课干吗，毕业工作又用不到"，因此他念大学的时候，总是三天两头逃课出去打游戏，要不就是上课睡觉玩手机，他的课本都是新的，很少见他翻过几页。

一次，他们学校刚好有一个去国外交换学习的项目，只要专业成绩位列班级前十，就可以申请免费去国外学习的机会。朋友的弟弟一直想去越南看看，可是那一次，他就与他的越南之行失之交臂了。他的专业成绩别说前十，就是前五十也不到。所以有时候，不要把专业课学习不当一回事，否则，机会来了，也不会把你当一回事。

专业课既然存在，必然有它存在的理由，如果专业课都是没有用的，那么很多学生都不用学习了，不如早早出去打工或者创业，我们还努力地去学习知识干吗？就像那个"一屋不扫何以扫天下"的故事，你说你整天叫嚣着你要成就多么大的事业，但你连一件小事都做不到认真对待，还谈什么成就大事呢？

IV

你说你要努力过上自己喜欢的生活，可是生活里，你面对一点小小的挫折就要死要活的。

你说你要来一场说走就走的旅行，可是你的银行卡里都没有一点积蓄，你说走就走的旅行光用脚就可以了吗？

你说你不要跑步，你觉得会跑死人，会累成狗，但是事实就是跑步不会跑死人，虽然累一点，但只会让你倍感精神。

你还没有开始行动，你就说你真的很累。

你还没有开始行动，你就说你不会成功。

你还没有开始行动，你就说你做不到。

抱歉，这样的你，再多的鸡汤也治愈不了你的懒癌。

FOUR

成功没有捷径，
现在努力还能行

你追求的稳定，
不过是在浪费生命

I

D君问我："十三，你不折腾会死吗？"

我想也没有想就说："会。"

D君说："你一个小姑娘干吗那么拼呢？女孩子嘛，嫁得好就可以了。"

我问："什么是嫁得好？"

D君说："找个能够养你的男人不就行了吗？你看你整天在那里写啊写的，伤不伤脑筋啊，你看你出一本书才多少钱，连去个省内旅游都不够。"

我说："可是我就是喜欢啊！"

D君说："你真的没有救了。"

我想了想，没有再说话。

我或许真的没有救了。

II

橙子说："十三，我妈也说过，结婚就等于人生第二次投胎，所以你要慎重考虑，我看，你还是分手吧，我看你那个小男友好像不行，家里没钱不说，工作似乎也不是很好。"

我说："橙子，你觉得我长了一张国民梦中情人的脸吗？"

橙子认真地看了看我，摇了摇头说："好像还真没有。"

我说："那不就结了，就算人家高富帅看的不是你的能力和才华，也要看你的脸啊，你看人家郭天王还找了个网红，至少，你也得有张网红的脸。"

橙子说："我这也是为你好啊，谁叫你是我的闺密，你至少也要像我一样嫁个有钱的，你看，我现在都不用工作，在家做做家务、喝喝茶，就行了。"

是的，她的先生确实是个很有钱的人。可是前两天，我在酒吧还看到她的先生搂着一个很年轻的小姑娘。那个小姑娘一看就是清纯的女学生模样，笑起来的时候特别娇俏。

只是，我不敢告诉橙子。

III

大白说："十三，你不要任性了，趁着还年轻，你还是找一份稳定的工作吧，一个女孩子老是那么漂着也不是一回事。"

我问："你觉得什么才是稳定的工作？"

大白说："至少你也去考一个公务员啊，或者找一份教师的工作，女孩子做教师好，找对象人家也喜欢。"

我说："年轻不就是要多去闯闯吗？去做自己喜欢的事，等老了想折腾也折腾不动了。"

大白说："我也是因为是你的师兄才这么和你说的。你看，我一个月能拿4000多块的工资。下个月我就要结婚了，我媳妇是副县长家的女儿，到时候你也要来呀！"

我说："好的，师兄。"

然后，我就不想再说话了。本来我很想告诉师兄，我一个月能拿他两倍的工资，我也不用过朝九晚五的生活，时不时地还能去旅个游什么的。但是，我想我已经没有了再说下去的必要。

IV

前不久，一个朋友说她老公染上了毒瘾，丢了体制内的工作，还被送去戒毒所戒毒了，把饭碗丢了不说，还把全家人的脸都丢光了。

她的婆婆是个好面子的人，每次出门买菜都会向街坊邻居夸自己的儿子："我儿子工作特别认真，还加薪了，你家孩子找到工作没有？我说，你还是劝劝他找个稳定的工作得了，他弄的那个什么厂估计没什么前途，而且，也不回来孝敬你们。"

那个邻居听了她婆婆的话，不想理她婆婆，只是呵呵笑了几声。

她婆婆不知道，那个邻居的儿子在省城开了自己的公司，买了自己的别墅，不用过多久，就会把那个邻居和老伴接到大城市去生活，还准备带他们去国外旅游。

现在，她婆婆出门买菜的时候，不敢再说话了。

朋友说，她也不知道要怎么办了，是出去多找一份事情做做，还是带着年幼的孩子离开。生活也要过下去，孩子也还小，况且她也不想孩子长大后被周围的小伙伴说，他的爸爸是个吸毒犯。

V

这个世界似乎就是这样，你以为自己足够好的时候，永远不知道其实别人做得比你好得太多。你也不用自满，因为你不知道哪一天你就会遇见什么。

时代已经在变化，或许，年轻的你不应该为了追求自己所谓的稳定而选择平凡，不应该为了自己朝九晚五的生活，丢失了一颗上进的心。

因为你不知道，也许你一直追求的稳定，在别人看来只是在浪费生命。

成长总会不断遇见瓶颈，每遇到一个瓶颈都是一段极端痛苦的经历。你能做的唯有坚持，相信"天道酬勤"。你坚持了下来，而别人坚持不下来，你就有成功的可能。

你值得去做更多有意义的事。不要以为你那是平淡，其实，那只是你的平庸；不要以为那是你的理由，其实，那只是你的借口；

不要以为那是你运气不好，其实，那是因为你还不够努力。

怪谁呢？怪你自己喽。

谁不是打败了一个个委屈，
才能前行

◺

I

高考毕业那一年，家里因为我要坚持去复读炸开了锅。因为在我眼里，考上一所二本学校就等于高考失败。17岁的我就是那么认为的。

当然，最后的结果是我没有去复读。你们肯定会问，为什么改变了自己的想法呢？

那时候，叔叔还是我就读的高中的校长，在17岁的我眼里，校长是个很有身份的人了，他说的话也很有分量。换个角度说，即使有时候我听不进父母的话，但叔叔说的话，我一定会听。

II

那天，我坐在校长办公室，心里想，我的叔叔为什么是这个学校的校长呢？好尴尬，还被他叫去办公室谈话，感觉好丢脸。

我说："叔叔，我真的考得不好，我要去复读。"

叔叔问："如果你复读了还是考不上一本呢？"

我一下子有些答不上话来了，是啊，如果我还是考不上呢？那我的努力不就白白浪费了，毕竟是一年的时间啊！一年，说长不长，说短不短，却可以改变很多事。如果我选择复读，那意味着：同级的同学能够过上精彩的大学生活，我却还在"高四"挣扎；同级的同学已经就业工作了，我还在大学挣扎。

我说："可是我真的考得很差啊！"

叔叔说："读大学不过是为了拿一张通往社会的门票，就算你是一本毕业的，那又怎么样呢？"

我说："一本很多好处啊，学费不高，学校还好，以后就业机会也多。"

叔叔说："你说的也没错，你知道我以前在哪里读书吗？我以前只是一个师专毕业的，现在还不是管理着本科生、研究生？况且你考上的还是本科，学历比我都高，你报的那个学校我看了一下，费用也不高，专业也选得不错。"

我很想说，毕业年代不同了，形势发生了很大的变化。

III

但那个时候的我，还没有体会到叔叔话里隐藏的含义，其实，叔叔的意思应该是：起点低一点没有关系，关键你要愿意去奋斗。

那天，他还跟我说："到了大学，也要好好读书，那些孤独的人往往是耐得住寂寞的，不要去跟风，人家玩，你也去玩，人家谈恋爱，你也跟着谈恋爱。"

那时的我，听着叔叔的话，心里想，叔叔不会害我就是了，况且我还是他亲侄女。

那个时候，真的不太理解叔叔说的"好好读书"的含义。

到了大学之后，一切都不再与高中相同。比如，上课的时候是允许你带手机的，只要静音就可以了，有重要的电话也可以从后门出去接，讲师是允许的。上课即使你睡觉，只要不捣乱，讲师一般是不怎么说你的。讲师一般上完课就走了，不会像高中班主任一样时时刻刻盯着你。除了专业课以外，有大把的时间你可以自由支配，比如参加各种活动，只要你感兴趣，你也可以去做兼职赚零花钱。

到了大学，期末成绩的评定不再像高中一样只是靠卷面分，还有德育分数、体育分数，以及能力加分，读死书是不行的。这些都是大学带给我的不一样的感受。

当然，如果你是读的一流的大学呢？当然不用说了，你比别人获得了更高的起点，更多的接受更好的教育的机会，但这并不代表你考上一所一本重点院校就高枕无忧了。

我的闺密是一本重点大学的学生，我还在看书挣扎考试的时候，她已经签了一家中学做老师，能够进入体制内工作，也不用承受毕业暂时找不到工作的压力。

她说，和我们同级的一个飞行员学校的高中校友，只要他专业英语过了四级，毕业一年后便可以获得月薪几万的高薪工作，可是他专业英语一直不过级，毕业以后就只能拿几千块的工资。同样的，考上清华大学的同级校友把生活过得很精彩，大学期间去当兵了，去了国家最好的部队，当兵结束后又继续念书。而他，和我一样，也只是一个普通家庭的孩子。

还有一个学长，他的英语不仅过了四级，还过了六级，考研的时候考上了南京大学，从我们这个普通的二本学校走了出去。当然，他付出的，不是一般人能够做到的。我从来没有见过一个男生念书像学长那么拼，他不仅英语好、专业课好，私下里还会看很多文学作品。

还有一个同级的系友，雅思过了，据说大学毕业就去国外留学。她的英语好到什么程度？她是大学英语口语比赛非专业组第一名，能够和学校里的外国留学生毫无障碍地沟通，而且英语发音也很标准。

IV

在读大学期间，我找到了自己的兴趣爱好，喜欢上了创作，向往以后能当一个自由职业者，能够靠写文章赚钱养活自己。虽然，这个想法有些不现实，但是，不去努力一下，又怎么知道结果呢？

不要在奋斗的年纪，选择了安逸

年轻的你，不要害怕吃苦，多做一点事，既然你是在念大学，那你就应该把专业课学好，把该考的证书都考了，将来肯定会对你有用。你不应该只是上课玩手机、睡觉，应该多学一点知识，多读几本书，或者多出去走走，看看外面的世界。

你应该多过过一个人的生活，不断地提升自己，而不是一心只想着恋爱。当然也不是说不可以恋爱，但是要有度，至于那个度怎么把握，就真的只能看你自己了。

不要让别人的看法动摇你的选择

别人说什么，那就让他去说好了。你喜欢做什么事，那就去做吧，不要害怕别人说你不合群，说你特立独行。往往比较优秀的人，都会有那么一些不合群、特立独行。也许，有一天，你会发现，那些难熬而寂寞的时光成就了你，你会谢谢那个时候拼命奋斗的自己。

追求高质量的生活，不要降低自己的品位

一个人对生活质量的追求很重要，钱没有了可以再赚，可是一个人若是没有了追求，生活就失去了意义。你对生活的态度，也在一定程度上决定了你会是一个什么样的人。做一个内心的贵族，高雅，有内涵，对生活不将就，即使再累，也能给自己煮一壶清茶，

下一碗面条，而不是随便吃一碗泡面草草了事。

也许我们要过了很多年才会明白，原来，起点低一点真的没有
关系，只要你有一颗不断追求高品质生活并且愿意默默奋斗的心，
打败一个个委屈，就能向着成功的目标一步步迈近。

所有为梦想坚持的姑娘，
必将势不可挡

I

有人说，梦想遥不可及，只不过说说而已。

默默说："我们是没有资格谈梦想的，这个词语太神圣了。"

默默说："十三，如果今年还是不行，那我不要再练舞了。"

默默是我最好的朋友，她有一张白皙的瓜子脸，一双迷人的大眼睛，以及微微倔强的表情。已经是第三年了，她在准备艺考。她说："十三，你知道吗？能够参加全国的芭蕾舞巡演是我的梦想。"

II

我从来没有见过一个追梦的女孩，像默默那般勇敢，即使失败过几次，也仍旧在坚持。

默默说："十三，你知道前几年我是怎么过的吗？"

我看着默默，摇了摇头。

听着默默的叙述，我才知道，默默原来付出了那么多的努力
和坚持。那时候的默默没有多少钱，即使每天只吃最便宜的咸菜馒
头，也坚持买比较好的芭蕾舞鞋。因为经常练舞，所以鞋子经常会
被磨损。

我说："默默，你应该吃好一点，鞋子不用买那么好的呀！"

默默看着我，眼里似乎有说不出的心事。她说："十三，生
活也许可以廉价，可是梦想不可以。能够参加芭蕾舞巡演是我的梦
想，为了能够通过考试，我一直没有放弃练习，穿一双质量好的芭
蕾舞鞋，也是一个舞者对自己的尊重。"

III

听完默默的话，我久久不能回过神来。我开始理解，为什么喜
欢音乐的朋友，要买好的音乐设备；即使生活贫困的画家，也要坚
持买好的颜料……

收到国外芭蕾舞学院录取通知书的时候，默默抱着我，热泪盈
眶。

那一天，我们在楼顶点燃仙女棒，笑得跟孩子一样。我说：
"恭喜你，默默，你终于如愿以偿。"

默默说："十三，最后这一年，我穿坏了37双芭蕾舞鞋，但
是，我不觉得苦。"

那个时候的默默是幸福的，也是欣慰的，为那些一个人默默奋

斗的日子。

我终于明白，为什么踮起脚尖起舞的芭蕾舞者如同天鹅般优雅，因为每一个起舞的时刻，都是对梦想的兑现。

有人说，世间所有坚持都是因为热爱，我想默默也是。

IV

有人问我："十三，你的梦想是什么？"

我很想告诉他，是一名自由职业者，如果可以，我想以写书为生，靠分享生活赚钱。

但是，我不敢告诉他。我说："没什么梦想啊，就是好好度过每一天。"

他说："这也是梦想啊！"

我说："是啊，对生活的梦想，就是好好度过每一天，希望我不要遇见什么不开心，不要遇见什么坏事，看似多么普通的愿望，也不是那么好实现的。"

他说："好像也是。"

其实，我是害怕了，我怕自己没有勇气去实现它，我怕现实会给我重重一击，我怕生活告诉我，我一直梦想的自由写作之路是多么的幼稚。

可是，不知道从什么时候开始，写作已经成为我生活的一部分，或者说生命的一部分，就像"人不喝水会渴，不吃饭会饿"一样，我一天不写文章，就会不舒服，浑身难受。

有人说："十三，你哪来那么多事可以写？"

我也说不上来，哪怕是最简单的心情记录，我也要在日记本上写上些什么。

V

或许，有那么一天，我们没有实现心中一直以来渴望的梦想，或许，有一天，我们又有了新的梦想。但是，我们还有那段追梦的岁月可以回首，我们还可以知道，原来有一段时光我们没有虚度。因为，曾经的我们，在那一段日子里，是那么努力也是那么迫切地渴望着，是那么用力地坚持着。

或许，我们回头看看曾经的自己，可以勇敢地对自己说，我不后悔，也不遗憾。

哪怕我们生活普通，也要去守卫自己心中的那个梦，没准哪一天，它就实现了呢？

献给追梦路上的你我，愿生活终不辜负梦想。

放弃那些无效的努力，
让你的付出有所成就

I

璐璐是一名时装设计师，从某个名牌大学的服装设计专业毕业，如今在一家非常有实力的服装公司工作。她的设计在公司表现得很一般，虽然没受到什么表扬，但也没受到过什么批评。对于刚参加工作的毕业生来说，璐璐表现得已经很不错了。

一天早上，璐璐在公司的洗手间里无意中听到她的上司和另外一个人打电话："我真的是不想再说他什么了，虽然是个大学生，但做的东西真不怎么样，连公司最基本的考核估计都难及格，这个月若他交上来的设计方案还是没有什么新意，就劝他走人吧，我们公司养不起闲人！"璐璐一听这话十分紧张，感觉上司口中说的那个人就是自己。

接下来的日子，璐璐每天都过得战战兢兢小心翼翼，每当上司一和她谈话，她总是想："完了，我肯定要被开除了！"那段时

间，她异常敏感，只要一看到同事在那里有说有笑的，她就觉得她
们肯定是在嘲笑她的设计方案做得差。

璐璐之前一直觉得自己还是可以的，但现在她的信心越来越不
足，不管是对自己的一言一行，还是生活里的小事，她总是会过度
担心。

她实在烦得头疼，于是就找闺密倾诉。闺密劝她不要胡思乱
想，好好设计方案，专心工作。她想到上司说这个月的方案是最后
的考核机会了，每个人都要抓住机会用心设计，不然就卷铺盖走
人。璐璐在那段时间里非常用心，经常加班，还在业余时间里找了
许多关于设计方面的资料充电学习，看了许多大师的设计方案。最
后，璐璐拿出了一份让所有人都另眼相看的设计。

令璐璐感到意外的是，那天会上，上司还当着所有人的面表扬
了自己，与此同时，公司里的另外一名新员工因为能力实在太差被
辞退了。璐璐这才知道，原来那天早上，她在洗手间听到的上司说
的那段话，其实根本就与自己无关。

从此以后，璐璐发现，那些她自己想出来的烦恼会分散自己的
注意力，干扰自己的正常思维，令自己痛苦不堪。

你是否注意到，我们往往会对正面的事情感到怀疑，对负面的
事情却非常肯定？

你的朋友向你示好的时候，你会想，无事献殷勤，非奸即盗，
是不是另有所图；当你无意中听到某个人告诉你，有人在背后说你

的坏话，你可能还没有弄清楚真相就已经火冒三丈；你身体哪里有什么不舒服了，感到一丝丝疼痛，就怀疑自己得了什么大病。其实，有些事情并没有那么糟糕，是你想得太多。

II

夏夏毕业以后，在一家广告公司任职，刚开始工作，每天充满激情，人也勤奋，很快就熟悉了工作流程。工作做起来也得心应手，仿佛她的工作就是一位和自己配合非常默契的老朋友，上司交代给她的工作，她只用半天的时间就完成了。

空闲下来的时间，她想着是不是可以做点什么自己喜欢的事，她想起了大学时还有一本没有完成的小说被搁置在一旁。那个时候，成为一个作家，是她的一个梦想呀，于是她便偷偷地用空闲的时间写小说。

时间久了，上司发现了夏夏的秘密。夏夏特别担心上司会批评她，不过上司似乎并没有为难她，而是约她到一个咖啡厅开诚布公地谈了谈。

公司楼下的小咖啡厅装修得非常有味道，窗台旁有精心布置的绿色盆栽，加上咖啡厅里播放的民谣和空气里弥漫的醇香的咖啡味，让人感觉很放松。

夏夏的上司是一个女强人，一路打拼到现在，自己当上了老板，非常不容易。夏夏就是上司亲自招进来的职员。上司工作的时候很严肃，私下里人却很亲切，大家喜欢称她为林姐。

林姐坐在夏夏的对面，优雅地搅动着咖啡，温和地问她："夏夏，我看过你写的小说，说一句真心话，文笔非常好。但是，我想听你说说，对于人生，你有什么样的规划？"

这个问题那么熟悉，在还没有念大学的时候，夏夏就想了很多种答案。"比如当一名设计师，或者蛋糕店的老板，或者一名作家，又或者是企业的高层管理者等等。"

林姐很认真地听完夏夏的话，没有作出任何评价，只是问夏夏："有没有听过这样一个故事，在森林里，三条猎狗追赶一只土拨鼠。情急之下，土拨鼠钻进了一个树洞里。这个树洞只有一个出口，三只猎狗就死守在树下。过了一会儿，一只兔子钻出树洞，飞快地跑，跑着跑着就爬到了一棵大树上。兔子很得意，在树上嘲笑三只猎狗，结果它得意忘形，一不小心从树上掉了下来，砸晕了正仰头看它的三条猎狗，兔子趁机跑了。夏夏，想一想，这个故事有什么问题吗？"

夏夏听了觉得很有趣，认真地想了想回答道："第一，兔子不会爬树；第二，一只兔子不可能同时砸晕三条猎狗。"

林姐笑着说："你分析得很不错，合情合理，可是，最重要的问题是，土拨鼠跑哪儿去了？"

夏夏恍然大悟："是呀，我怎么把土拨鼠给忘记了。"

林姐说："这只土拨鼠就像你当初为自己设定的人生目标。显然，这个目标被你忽视了，或者你已经忘记了。当初你刚进公司的时候，你的那句话'我要做一个出色的广告人'打动了我，让我看到了为梦想奋斗的年轻时候的自己，这也是我从众多求职者中选择了你的原因。"

听到林姐的话，夏夏才明白她这次谈话的用意。这时，林姐又补充说："夏夏，我相信你是广告策划方面难得的人才，只是想提醒你，人的精力是有限的，你想把所有的事情都做好，是不现实的。好好做事，我相信你的未来是前途无量的。你要记住，人生的目标不能太多，人这一辈子，能够把一件事情做得出色，就已经是很大的成功了。"

自那次谈话以后，夏夏不再三心二意，而是一心一意地用心做广告策划。两年后，夏夏成了她们公司最年轻的广告策划美女总监。自己付了房子的首付，还时不时去旅行，看看不一样的风景，日子过得有滋有味。

III

现在的人总是感觉活得很累，心里很容易感到挫败和辛苦，有时候，容易迷失在给自己设定的各种目标之中，容易三心二意，胡思乱想，难以取得成就。

我们是不是也总是给自己设定太多的目标，却觉得心有余而力不足？总是犹豫，举棋不定，不知道现在自己做的事是该坚持还是该放弃?

其实,你不用纠结什么,目标不用太多,一个就好,因为把一件事做到最好就是你的成功。放弃那些无效的努力吧,也不要再为那些琐碎的事情而烦恼,为了一个不明来意的眼神而不安。你要学会投入全部的精力,专心做一件事,我相信,你会收获更多的快乐与成功。

你期待的终将会与你不期而遇

I

都说大学是一个整容院，记得刚入大学时，大家都是着装朴素，一脸清纯的模样。四年后，有些女孩子已经修炼成女神的模样，有些还在原地踏步。入学时一脸稚气的男孩们，经过四年的学习，也变了模样，愈加成熟、稳重了，当然也有什么都没有改变的。

比起外貌和气质上的改变，我更加欣赏那些能够在思想上有所改变，在一次又一次的挫折中成长起来的少男少女，喜欢他们充满正能量的模样，喜欢他们青春满满的气息，喜欢他们自信美丽的神气。

我想起了年少的自己，十四五岁的年纪，每次照镜子的时候都能看到脸上的婴儿肥，特别羡慕瓜子脸的女同学。那个时候的我很普通，也有喜欢的男孩，应该是暗恋，因为那个男孩从来都不知道我的心思。

那个夏天，我们正在为中考奋斗，隔壁班的那个男孩优秀、出众，喜欢穿一件白色T恤，午后的操场上总能看见他打篮球的身影，每次与他擦肩而过的瞬间，我的内心都如小鹿乱撞一般。月考的时候，我都会去看他的年级排名和我的排名。

当时的我许下了一个心愿：希望自己考上高中以后能够和他被分在一个班级。

为了那个心愿，我每天努力学习，原来觉得难熬的时光，在那段日子里过得飞快。最后一次月考，我的年级排名和他的年级排名都在年级前五十，他的名次和我的名次隔着两个人的名字。那个时候，我窃喜，想象着自己与他认识的时光。

我偷偷暗恋了他一年，努力向他靠近，却从未知晓，等待我的是另一种结果——我和那个男孩都考上了高中重点班，却没有被分在同一个班级。高中开学举行升旗仪式的时候，我站在班级后面，看着与我相隔不远的他，却没有了当初的坚持。

一路追寻着他，最终也没有与他邂逅，但我邂逅了更加刻苦的自己。传来了关于他恋爱的消息，他有了自己的女朋友。而我，也变成了更美好的自己。在青春的时光里，我只是从自己心里路过了他的世界。

有时候，喜欢一个人，并不一定是为了拥有。在你为一个人努力去奋斗的时候，其实，那个人已经成为了你的动力。

当你不断努力完善自己，有能力追到那个目标的时候，或许你还能实现更高的目标。你会发现，曾经那些以为难以抵达的，并不是想象中的那么无法触及。

喜欢一个人，追逐一个人，就像是在感受一次旅行。你奔赴了心目中的美景，如若美景与你无缘，你或许会在不经意间邂逅新的风景，那些新的风景，也许有着你想象不出的美好。

Ⅱ

小时候，我们单纯地谈着长大以后想要成为一个多了不起的人，长大以后，我们发现，曾经的想法幼稚却美好。

在追寻梦想的道路上，不就是要怀着一颗勇敢的心去追逐吗？

说不定你追到了太阳，还收获了星星，或者，你能追到太阳却不喜欢太阳而是喜欢上星星了。那又有什么关系呢？

布布同我一样，是一个喜欢阅读的姑娘，我们的相识非常有趣。我们在图书馆的书架上同时看上了一本美国女作家玛格丽特·米切尔的作品《飘》，我们互相谦让，都想给对方先看。最后，在她的坚持下，我先借阅了那本书。其实，我高中的时候就在姑姑家的书架上看到过那本书，因为好奇看了一部分，没有看完，一直想弥补心里的遗憾。

当时，布布让我感到一种惊喜，因为喜欢同一样东西的人那么多，但就在眼前碰到的还真不多。我在想，眼前温柔而美好的姑娘，会是怎么样的一个人？

　　我用了两天的时间把那本书读完，当我把书拿给布布的时候，布布问我："你喜欢郝思嘉还是喜欢媚兰？"

　　我说："她们两个都是美好的女子，一个活泼聪明，一个温柔内敛，一个像女神，一个像天使，不过，没有不喜欢郝思嘉的女孩吧！"

　　布布说："其实，这本书我高中的时候就已经读完一遍了，我喜欢的男神说了一句话，他说，'布布，你知道吗？你很像斯佳丽，《乱世佳人》里的那个'，所以，我一直好奇，我哪一点像她呢？"

　　我问："那你找到答案了吗？"

　　布布说："应该找到了，我和斯佳丽一样，是个倔强的姑娘，但我喜欢的男神不喜欢倔强的姑娘。"

　　"为什么？"

　　"他喜欢温柔体贴的女孩子，我不是。"

　　"他都没有和你相处过，怎么知道你就不温柔、不体贴？每个女孩都是多面的，有时温柔，有时倔强。"

　　"或许，你说的对，但我现在不喜欢他了！"

　　布布的回答让我感到好奇，没有想到，我和她的相识是因为她曾经喜欢的男神。

　　布布刚进大学的时候，参加了系里的学生会，她被阳光开朗的D学长吸引了。从布布的形容中得知，D学长和布布一样，虽然不是文学院的，却对文学有一股热情，D学长不仅是学霸，人也幽默风趣，关键长得还不错。

布布说，不仅是她，她认识的许多女同学都暗恋D学长。布布说，她第一次感到自卑，是因为她觉得D学长太优秀了。有时候，看向D学长的时候，就像在看一颗闪闪发亮的星星。

布布问我："十三，你会不会觉得我疯了？"

我摇摇头，说："许多人都会觉得自己喜欢的优秀的那个人不是像星星就是像太阳，不是发亮的就是温暖的。我也这么觉得。"

有时候，喜欢一个人，如同仰望星辰、追逐五彩斑斓的梦一样，还没有开始行动，自己就已陶醉其中。

III

和D学长认识以后，布布暗自下决心改变自己。

布布刚进大学的时候体重100斤，硬是每天早起坚持跑上五公里，再加上不吃高热量食品，拒绝一切零食，把喜欢的饮料全部换成水。就这么折腾了3个月后，布布说，她瘦了10斤，穿上了S号的衣服。本来买零食的钱全部攒起来买面膜，一天一张，把一张脸养得水亮水亮的。为了不让自己有黑眼圈，每天坚持晚上11点之前入睡。

看到这里，你会说，每个想要变美的女生都会觉得这些不算什么。但贵在坚持，除了外貌、气质变得更好以外，布布还坚持学习英语，考过了英语四、六级，认真学习专业课，报了吉他班学习弹吉他，原因是D学长会弹吉他。

大二开学的时候，布布不仅成了女神，还成了名副其实的美女学霸。布布说，总有同学问她成绩怎么考得那么好，她都会回答，认真看书。再后来，布布参加的一些比赛经常得奖，还获得了学院的奖学金。布布还拿着奖学金去杭州旅游了一趟，去看自己不曾看过的风景。

布布在变美的道路上越来越努力，人也越来越优秀。

我最关心的问题来了，那么D学长呢？

布布说，随着她的了解，她发现D学长并不是那么的完美，虽然他学习不错，开朗幽默，但私下里却非常萎靡，经常抽烟、喝酒、出入各种娱乐场所，热衷于各种朋友饭局。

作为小师妹，布布收到D学长的邀请，参加他的生日聚会。布布说，那一天，她精心准备好了礼物，还亲手写了一首歌词，准备为他用吉他弹奏演唱。聚会上，布布发现，D学长似乎对漂亮女生来者不拒，和朋友开的玩笑话是各种无节操、无下限，布布惊呆了。之前那个在自己心中风度翩翩、温暖开朗的美好形象，一下子就跌到了谷底。

布布把礼物送了出去，她把那张原创的歌词揉成一团扔进了垃圾桶。时间差不多的时候，布布和一个女同学早早回了宿舍，逃离了那个不喜欢的地方。布布说，那天的逃离，结束了她一场荒唐的单相思。

IV

后来，D学长问布布："怎么那么早就离开了？"

布布说："没什么，就是身体不舒服。"

D学长突然拉下脸说了一句："布布，你知道吗？你说话冷冰冰的模样就像电影《乱世佳人》里的斯佳丽一样倔强！"布布看着D学长，蒙了。

布布解释："我真的是身体不舒服，胃不好，那天喝了一点酒，胃就疼了，我不是故意早早离开的。"

D学长又道："下次，不要那么不给我面子了。女孩子就要温柔一点，男生喜欢温柔懂事的女生。"

布布违心地说道："好，好，好，我知道了，谢谢学长。"

D学长又说道："听他们说，你一直在暗恋我？"

布布摇摇头，又解释："没有，没有，我有自己喜欢的人了，是我高中同学。"

D学长又道："布布，你很漂亮，不过，我喜欢温柔懂事的女生。"

布布说："那祝学长能够找到自己的幸福。"

曾经无数次想象的美好在现实里碎得不留痕迹，那个人让布布希望，失望，最后什么都没有。

布布说，从那次以后，她继续每天跑五公里，每天坚持敷面膜，每天坚持去图书馆看书，坚持去做自己喜欢的所有事。她渐渐地明白，那些让她坚持并为之努力的事，其实，在很久以前就早已与D学长无关，而渐渐地已经成为她的一种习惯和生活方式。

失去一种期待，却成为了另一个更优秀的自己。

不要害怕受伤，更不要害怕失望，因为正是那些经历，让你迅速成长，成为了更加优秀的自己。

V

后来，我和布布分享李尚龙的那篇文章《当你优秀了，女神或许就不再是女神了》，布布说："那我的故事是不是就女版的《当你优秀了，男神或许就不再是男神了》？"

我赶忙说："是啊，你比男版的男主角还励志。"

我看着面前的布布，心里无比温暖，我说："能够认识你，真好。"

我伸出双手准备拥抱一下面前的这个女孩，布布说："打住，打住，十三，别来你煽情的那套，我们不演苦情剧。"

我还没抱住她，她先给了我一个拥抱，她说："十三，加油，你一直都很优秀。"

我哭了，很感动。遇见一个朋友，她让我更加坚定了自己，真好。

布布和我终究要分开，而我，将带着布布的温暖与祝福继续追寻我的梦想，继续去为想要的生活而努力，哪怕此刻的我还没有成长为一个足够优秀且自立自强的女孩。

　　成长无非就是这样：失去一个喜欢的人，经历一次足够伤心的事，遇见一个温暖的人，成为一个更加优秀的自己。不羡慕，不嫉妒，你期待的那些，会在你的努力与成长中，与你不期而遇。

　　玛格丽特·米切尔在作品《飘》里面说，所有随风而逝的都属于昨天的，所有历经风雨留下来的才是面向未来的。

　　你要相信：最后沉淀下来的那些，才是你最出众的品质；最后留在你身边的，才是你真正的爱人；最后愿意鼓励祝福你的，才是真正的朋友。

没有好的家世，
你依旧可以成为自己的贵族

I

我们都知道，一种良好的家世背景，一位有远见、有学识的家长，更容易培养出高情商、识大体的孩子。那些从小生长在自私暴力家庭中的孩子，长大后更容易变得敏感狭隘。

但是普通家庭出身的孩子，或者是底层家庭出身的孩子，要怎样努力才能脱颖而出？

我们说，寒门出贵子。但前提是父母同样要有远见、有格局，尽可能地支持孩子的选择，尽可能地帮助孩子成长，而不是阻碍孩子的成长。

作为一个农村来的孩子，我家三代都是农民——普普通通从土里刨食吃的农民。我的奶奶有四子三女，其中，有两个儿子和两个女儿都进了事业单位，从事有事业编制的工作，剩下一个儿子一个女儿经商，另外一个继续务农。

　　我的奶奶是一位非常有思想的老人，她不重男轻女，不管儿子还是女儿，都是一样的疼爱。虽然当时家里条件非常一般，但她还是支持自己的孩子念书，只要能考上，她就会继续供读，若是考不上，她也不强求。

　　我的伯伯和姑姑之所以能够从农村走进城里，除了他们自身的刻苦与努力，还与我奶奶的支持离不开。

II

　　我们这一代90年前后出生的孩子，即便是在农村出生，从一出生也不用再担心吃穿问题，至少家里的口粮是充足的，父母也会尽量多买几套衣服给孩子穿。

　　在我的记忆里，从小就不用担心基本的温饱问题，但至于想要其他什么花样玩具，那是没有的。我的童年，没有玩具车，没有洋娃娃，唯一的玩具就是外公给我做的手工纸风车。用手举着它，只要一跑，纸风车就会转起来，我就笑得特别开心。

　　我是没有念过幼儿园的孩子，6岁的时候，就直接读了一年级。打我上学起，不知道是不是因为我从小体质就差，我的母亲一直强调："妈妈希望你能够好好念书，长大以后，就不用干重活了。"

　　小时候，我成绩特别好，一路从小学念到大学。十几年过去了，母亲也从年轻貌美的女子变成一个脸上刻满岁月痕迹的农村妇人，她一生都在与土地打交道。

　　我大概是最不像我母亲的女儿。母亲性格直爽，脾气暴躁，说话时嗓门很大，找不到温柔的样子。而我，性格温和，说话轻声细语，温柔安静。每当和母亲说话的时候，我的母亲经常重复一句："你大声一点，我耳朵不好，听不到。"

　　尽管她不是一位温柔的母亲，甚至在我的家里经常能够听见母亲和父亲争吵的声音，以及简单直白的爆粗口的声音，但我并没有因为这些声音而变得脾气暴躁、口不择言。

　　纵使这样，母亲身上还是有许多优秀之处，比如，从小教导我：女孩子要学会收拾屋子，学会收拾自己，还要学会做家务，对人要有礼貌，要学会问好；在长辈面前行为举止要得体，要尊老爱幼，不许顶撞长辈，不许欺负比自己小的孩子，要懂得谦让，要学会分享；遇到事情要乐观，凡事不可强求，要放宽心，要往好处想，在学校不要与同学争吵，不能随便要陌生人给的东西。

　　很多农村家庭的女孩，作为母亲，更希望自己的孩子早早出去打工赚钱，或者早早嫁人，我的母亲却没有这样的想法。她一直任劳任怨，含辛茹苦地供我上学，希望我将来能找到一份好工作，再嫁一个好人家，而不是过早地让我走进社会，承担起赚钱养家的责任。

　　除了了解我是在念书以外，母亲对我的其他方面并不了解，比如，她不知道我有什么理想，不知道我希望成为一个什么样的人，甚至，很多事情都是我自己作决定的。哪怕我问母亲，她也只是说，"你是读书人，更知道哪种好"，或者，"你长大了，你自己看着办"。母亲也不太过问我的成绩，只是说，"好好读书"。

除了在道德和礼数方面母亲对我管教得比较严厉，对于其他方面，母亲并未约束过多，给了我足够的自由与空间去成长。每次伤心失意向她倾诉的时候，她也会安慰我说没关系，或者安慰我说，这次不行，下次再来。她相信，只要多尝试几次，总有一次会成功。

虽然她偶尔有不问清楚原因就责备我的时候，但事后她又会来安慰我，向我道歉，说她不是有意要那么说的，希望我不要放在心上。就凭这一点，我总是感觉，母亲很可爱。

III

除了每个月给我足够的生活费，我的家庭不能像那些经济宽裕的家庭般对我进行培养。比如，孩子小的时候，就可以去参加各种培训班，学习舞蹈，学习钢琴，学习绘画或者书法；或者更有能力的家庭，从小就把孩子送进全英文教育的学校学习，这样孩子从小就能说一口流利的英语。

虽然父母给我的只有那么多，但也足够多，足够让我成为一个开朗又懂事的姑娘。

我的母亲只有小学文化水平，父亲也只是初中文化水平，他们也不懂得，从小要对孩子的学习多投入一些精力，比如，给孩子买一些课外书，或者带孩子去博物馆、图书馆学习。我学习的知识，大多来自学校老师教授的内容。老师传播的思想以及观念都对我影响比较大，或者说，正是教我的那些老师，特别是中学的班主任，他们的鼓励在很大程度上影响了我。从接触简单的杂志期刊，到去新华书店看一本本的读物，那些书本上的文字带给我的是不一样的世界和不一样的感受，让我从此爱上了课外书。特别是在接触小说以后，更是爱上了一个个故事。只要有时间、有条件，我就会和同学借书看，也会去新华书店看。

除了学习学校规定的课程以外，我接触的最多的就是课外书，大量的阅读让我在写作方面找到了兴趣，从此走上了创作的道路。

IV

我很普通，来自农村的家庭，是靠"穷养"长大的女孩，庆幸的是，我一路成长，成长为一个自立自强的女孩。我没有养成浪费的坏习惯，也没有养成嫉妒别人的恶习，我有自己的小世界，我的小世界也多姿多彩。

从我的身上可以看出，即使没有好的家世，你依旧可以长成一个自立自强的人。若你的父母是格局宽广、不会限制你成长、有思想的人，那么，你很幸运，你的身上或许还有更多的潜能。

想要成为自己的贵族，首先要有宽广的心胸，你要向着阳光生长，汲取能量，一路明媚下去。

更重要的是，你要相信，你的家庭在很大程度上并不能决定你的未来，决定你的未来的，是你自己的选择。比如你想要成为一个什么样的人，你需要怎么样去努力才能成为那样的人等等。

我们不能选择自己的出身，但我们可以选择自己的未来。你要相信，你就是自己最大的靠山。在这个世界上，唯一能够真正帮助你的只有你自己，你若强大，岁月无恙。

她没你好看啊，
凭什么她能嫁豪门

◣

I

堂姐终于举行婚礼啦，带着刚满周岁的小宝宝，这场婚礼简直轰动了我们这个小城。不是因为她和堂姐夫的婚宴办得多么豪华，而是因为我们小城里的风俗都是"先结婚再生子"，不是"先生子再结婚"。更奇葩的是，帮助做婚礼礼金登记的居然是他们高中班主任，堂姐的伴娘是姐夫的前任，简直是要毁我三观的节奏，小心脏受不了啊！

婶婶说，她和叔叔都快成小城里的名人了，都不用他们自己宣传，就会有人在背后说："你看，就是那家，他家姑娘还没结婚，儿子都有了。"

除了堂姐带着刚满周岁的小宝宝结婚外，堂姐夫家的财富不知道是多少人奋斗多少年才能拥有的。他家的车，随便拿出来一辆，就是普通人家奋斗一辈子也未必买得起的。对于我这种不识货的，坐在他家车子里，竟然会特别傻地问一句："姐夫，你家什么车啊，比一般车漂亮多了。"

姐夫说："奥迪。"

我说："哇，我还能坐在名车上。可怜我平时就坐过公交车，最多也就大众。"堂姐看着一旁的我，笑道："你至于那么夸张吗？"

我说："有些人奋斗一辈子也未必买得起一辆。"显而易见，在姐夫眼里，这些似乎没有什么值得炫耀的。

忘了说，姐夫不是那种有钱的老头，而是年轻多金男，就是普通人说的，含着金钥匙出生的那种，一出生，其名下房产就够一个普通人奋斗几辈子的。

II

似乎扯远了，说说堂姐吧。堂姐的父母，也就是我的叔叔婶婶，他们只是普通的职工，所以两家完全就是"门不当，户不对"啊。

"一个普通人家的女孩怎么就嫁豪门了？而且长得也不咋样嘛！"

这是我听到的三姑六婆最多的议论，我很想上前替堂姐辩解一句："你们长得好看，怎么不见你们的女儿嫁有钱人了？简直就是吃不到葡萄说葡萄酸。"

我的堂姐长得既不是网红脸，身材也不像混血模特一样火辣性感，不过她的皮肤是那种白皙剔透的，人偏瘦，笑起来有点像韩国的女明星韩佳人。更相似的是，她的鼻子也有一颗和韩佳人类似的痣。不过，她的痣是天生的，不是整出来的。

说起来，堂姐的情路也算坎坷了。16岁的时候，她暗恋班上一个长得又帅学习又好的男生，后来为了他转学了，再后来说不想读书了。这可把我婶婶急坏了，婶婶总是和我说："劝着你姐点。"

我也没少劝，关键还是看我堂姐怎么想吧！

她或许是自己想通了，又转回来了，只不过降级了。

到了新的班级，刚巧就碰上堂姐夫前任那个冤家，那时候堂姐还当起了红娘，帮她的朋友和那时的堂姐夫牵红线，结果没牵成功，他俩交往了一段时间分手了。后来，堂姐夫却看上了我堂姐，整天穷追不舍。

早恋的结果就是双方家长都被班主任叫去开座谈会了。堂姐和堂姐夫也没有因为那时家长反对就分手，而是一直偷偷维护着那份感情。

再后来，高中毕业，两个人都去读大学了。堂姐说那时候恋爱谈得也是辛苦，虽然两个人在同一个城市，但是一周只能见一两次，有时候假期就是两三个月不能见面，因为堂姐夫要跟着父母做生意，堂姐则要回老家。

这时候，就是最考验两个人的感情的时候，彼此信任很重要，不然很容易分手。

Ⅲ

他们的恋爱，一谈就是七年。两个人因为相爱领了结婚证，领证后不久，堂姐就怀孕了。那时候，堂姐才大学毕业一年多。

难道堂姐只是个傻白甜吗？当然不是。

堂姐在大学期间，不仅专业课成绩好，而且把需要的证书都考过了。课余时间，她还去做兼职，带队做礼仪模特，一个多月就赚了一个学期的生活费，没有跟家里要过一分钱。

尽管她长得不是那种性感惊艳的，还是会有同学在她背后说她长了一张"小三脸"，说她一看就是那种给人家做小蜜的，反正各种黑她的话不少。堂姐有一次生理期肚子疼，疼到直不起腰来，她的同学还说："不就是个生理期么，至于那么装吗？有那么疼吗？"

堂姐没理她。她说："何必在乎别人怎么看，生活是过给自己看的。"

堂姐怀孕了，本来是件喜事，跟着就把婚礼办了才好呀！哪知道，公公婆婆不乐意了，非说这个孩子不能要，说什么他们出钱，让堂姐去国外做人流手术，会请最好的妇产科医生。

婶婶不高兴了，说："他们就是仗着有钱欺负人，要是女儿是他家的，他们还能说出这种话吗？"

不管他们怎么谈判、怎么吵，堂姐执意要生下肚子里的孩子。她说，那是她的孩子，她不会伤害他。

孩子出生了，是个男宝宝，长得那叫一个好啊，公公婆婆时不时就想把孩子抱到身边哄哄。小宝宝几个月大的时候，呆萌的样子特别招人喜欢。堂姐说，不管以后怎么样，宝宝就是她的精神支柱，有了他，她就什么都不怕了。而且宝宝还是顺产的，我问："疼不疼啊？"堂姐说："比生理期疼上几百倍，可是看到宝宝了就觉得没什么了。"我想起作为独生女的堂姐，自小就是叔叔婶婶的掌上明珠，平日里还有些娇气，平时被小刀划破手指头都会喊疼，为了孩子却是那么勇敢。不得不说，母爱真的很伟大。

IV

她坚持一个人带宝宝，亲力亲为，小宝宝长得很健康，白白胖胖的。她的公公婆婆对她的态度也在慢慢转变。

我问："那堂姐夫呢？她不帮帮你吗？"

她说："他要赚钱养家呀，不然小宝宝奶粉钱从哪里来啊。"

其实，他家根本就不缺那点奶粉钱，堂姐坐月子的时候也是各种山珍海味的补，但是，堂姐夫是事业型男人。那些家务，堂姐会做，但不用她上手，因为有保姆。她的体重从怀孕前90多斤到产后120多斤，现在宝宝一岁多了，她的体重恢复到差不多100斤。堂姐为了恢复身材也是下了一番血本，又带孩子又做瑜伽什么的，反正很辛苦。

尽管带着宝宝，但穿戴年轻的她看上去和一个女大学生没有什么两样。我说："真是辣妈。"堂姐说："你不知道带孩子的辛苦，不过即使再辛苦，看到宝宝一笑，就觉得什么都值得了。等你以后有了孩子就知道了。"

尽管她嫁得很好，她穿的衣服也不过是几百元的小品牌，用的护肤品也不会超过300块。她说："本来就还年轻，用点补水的就可以了，最多擦点隔离、防晒，何必浪费那些钱呢？生活的品质不在于你用了多少奢侈品。"

她本可以用那些奢侈品，可她还是坚持着自己的原则。堂姐还说："等宝宝大些，就出去找份工作做，女人没有工作是不行的。"以她的能力，我知道她能做到，尽管她的婆家足以让她一生衣食无忧。听说她前不久还去参加营养师培训了，做的一手好饭菜，家人都很喜欢吃她做的菜。

V

他们结婚的那一天，一家三口都穿着中式的大红色婚服，宝宝可爱得让人看到就忍不住想要亲一口。婚礼上，她的公公做婚礼致词，他说："感谢XX的父母，把这么好的女儿嫁到我家，希望他们能够幸福。"

我想那一刻的堂姐，心里应该是欣慰的，为她长跑这么多年的恋爱，也为她自己的坚持。

比起门当户对，更重要的应该是精神上的门当户对。两个人是否有相似的价值观，两个人是否能够彼此谅解、包容，在一定程度上决定了婚姻是否能够长久。

一个女人怎么样才能过得好？

首先就是心态好，然后能够坚持，学会承受，承受来自婚姻的压力、来自家庭的压力，也清楚自己想要什么，并默默地努力去奋斗，去经营自己的幸福。

我问："你不怕你的伴娘对堂姐夫还有什么心思吗？"

她说："我相信他，也相信自己。"

我再也没有见过一个像堂姐那样不管周围如何炸开了锅，她都只想着把自己的日子过好的人。是啊，每一个认真生活的人，都值得被生活温柔相待。

不要让你的努力用错了地方

I

我更喜欢把自己定义为一位生活的分享者，所有悲欢离合、酸甜苦辣，皆是生活。每个人都有自己的生活，每个人都可以品尝出不同的味道。生活有好坏，心情也有好坏，可以明确的一点是，我们可以去经营——经营自己的生活，经营自己的心情。

想要人生有所成就，最笨也最聪明的办法无非就是坚持，坚持到无能为力，坚持到感动自己。你要相信，没有一日建成的大厦，也没有一帆风顺的人生，所有看似让人惊叹的成功，大多来自最平凡也最可贵的坚持。

马尔科姆·格莱德威尔说，想成为一名真正的专家，需要10000小时。10000小时！如果一天用10小时，每天都学习，大概需要3年时间。如果一天5小时，一年学习200天，大概需要10年时间。

所以，你想在某方面有所成就，是需要长期坚持的。但有一点是毋庸置疑的，如果你一开始选择的方向错了，那么你花再多时间坚持做也没有用，你努力再多也没有用。所以，不要把你的精力浪费在你不擅长的事情上。

Ⅱ

我最怕的两件事就是，我明明五音不全却还要让我飙歌一曲，我明明更擅长写小说却硬要我写论文。虽然我知道，只要舍得花时间去努力，我也可以把一首歌练好，也可以把一篇论文写好，但我最多只能做到合格，若想要我做到最好，基本不可能。我很可能努力半天，依然唱歌跑调，依然把论文写得一无是处。

换一个角度，如果我把时间花在我擅长的事情上，如果按三个月的时间来算，比如写小说，也许，我还没有练习好10首唱起来音准的歌，我可能已经完成一本小说的创作了。但前提是每天都要坚持，不能松懈。

如果这个世界上有什么事半功倍的事，就是把时间花在你擅长的事情上。这个秘诀，看似简单，做起来却不容易。

想起初中语文教材上的一组排比句：

如果你是一棵大树，希望你可以遮风挡雨；

如果你是一滴清泉，希望你可以滋润土地；

如果你是一串风铃，希望你可以发出清脆的铃音。

每样东西的最有价值之处，就是发挥出其本身的价值。每个人都能够正视并摆对自己的位置，才能更好地发挥自己的能力。

III

那么，要怎样选择，才知道自己选择的方向是正确的？或许，这几个方法可以帮助你更好地去努力：

你要真正地去了解自己，倾听自己

对于你自己，你真正了解多少？

你知道自己最喜欢的颜色吗？你知道自己最喜欢吃什么吗？你知道自己的梦想是什么吗？你知道自己最想去的地方是哪里吗？

我想，前两个问题，一般都很容易回答，但后两个问题，可能你就会犹豫了。

有人可能会说，我没有梦想，或者，梦想似乎只是想想而已。最想去的地方当然是没有去过的地方，或者是某个旅游景点。

再细问下去，比如，你要怎么去实现你的梦想？那个地方有什么特殊的意义让你特别想去？你会发现，其实，你还没有真正地了解自己。

了解自己，不仅仅是了解自己喜欢什么和不喜欢什么，更要了解自己的追求、自己的优势、自己的不足，对自己作出一个初步的判断和适当的评估。

你是一个外向的人还是内向的人？你遇到挫折有没有承受能力？当一件糟糕的事情发生的时候，你会表现得很慌张还是比较淡定？你能不能迅速作出反应并找出解决的办法，还是乱成一锅粥或者像热锅上的蚂蚁不知所措?

你是一个仔细的人还是一个粗心大意的人?你对一件事能坚持下去,还是只是三分钟热度?

尝试着去了解自己,倾听自己内心的声音,知道自己想要什么,怎么去奋斗,想要达到怎样一种高度。

清楚自己的兴趣是什么,然后坚持下去

不要低估了兴趣的力量,找到自己的兴趣,并坚持下去,或许你会成为一位专家,或者某个领域的一位伟大学者。

爱因斯坦说,兴趣是最好的老师。

牛顿对苹果落地感兴趣,发现了万有引力;莱特兄弟对飞行感兴趣,发明了飞机;居里夫人喜欢化学,发现了镭……你对什么感兴趣呢?

如果你喜欢绘画,坚持下去,你可能会成为一名画家;你喜欢写作,并坚持下去,你可能会成为一名作家;你长得漂亮又喜欢表演,坚持下去,或许你可能成为一名演员……

大多数人可能都做着与兴趣无关的工作,如果一个人能够做自己感兴趣并喜欢的工作,我想他一定很幸福。

开始规划自己的人生,制定合理的目标

你可能会觉得一生太长,难以规划;目标太多,难以实现。

那么你可以找一个本子，写上自己的愿望，比如：

一生的愿望？

希望拥有一个幸福的家庭，可以实现自己环游世界的理想。

未来十年内的愿望？

住上自己喜欢的房子，拥有一间不错的公寓或者一栋别墅，存款百万。

未来五年内的愿望？

找到一个心仪的对象，结婚生子，升职加薪。

未来一年内的愿望？

找到一份喜欢的工作，来一场毕业旅行，或者去支教。

以此类推，你可以把自己的愿望写下来，这些愿望其实也就是你的目标。

虽然你不一定能够完全实现，但你至少有了一个奋斗方向，你清楚自己要往哪里走。一段时间后，当你发现自己想要去做的事和自己当初设定的目标有所冲突的时候，及时作出合理的调整就可以，这样你就不会觉得自己毫无方向，你的心也就不会迷茫了。

学会管理自己的时间

我们总是听到一句话，穷人喜欢用时间省钱，富人喜欢用钱买时间。

为什么同样的时间，有人可以出色地完成自己的工作，还能用剩下的时间来提升自己，而你却做不完工作也没有时间去学习？

为什么同样的时间，其他同学可以很快地完成作业并利用剩下的时间来提升自己，而你却超出了时间却依然没有完成作业，还整天抱怨没有时间学习？

为什么同样的一天24个小时，别人只花费5个或者6个小时在睡觉上，而你每天要贪睡到中午12点？别人把时间省下来用来学习，你却用来打游戏？别人省下时间用来背单词、做读书笔记，你却省下时间用来逛街、看韩剧？

你总是抱怨，时间都去哪儿了，还没饱睡一觉，一天就过去了。

你是否会利用碎片化的闲暇时间学习？

打个比方，一集电视剧45分钟，一部完整的电视剧如果按42集来算，那么一部电视剧就是1890分钟，31.5小时，1.3天，如果你5分钟背一个单词，那么你可以背378个单词。

如果你一个小时可以写一篇千字文，那么你至少可以写出30篇千字文，一共30000字。如果一本书按12万字算，你至少完成了一本书的四分之一。

如果你用三个小时看完一本10万字左右的书，那么，用追完一部电视剧的时间，你至少可以看完10本书。如果你同时喜欢做读书笔记，那么你至少也可以看完5本10万字左右的书，写出5篇千字左右的读书笔记。

那些你看似不起眼的碎片时间，只要学会利用，并长期坚持下去，你会学习到更多的东西，而那些东西都能够为你创造价值、实现梦想。

坚定自己的意志，克服拖延症

如果你做什么事都只是三分钟热度，我觉得还是有些可怕。

比如，一篇文章写了开头就再也没有下文了；下定决心要减肥，却永远说着明天再开始，然后，无数个明天都过去了，你还是没有开始，你的体重始终只增不减；导师说要交论文了，发现时间只剩下三四天了，你却连初稿都没有修改好；洗完澡的时候，你说你要立马去洗脏衣服，过两天，你发现，你的脏衣服还在盆里泡着……

你之所以喜欢拖延，那是因为你总是觉得没有什么压力，或者因为你懒，你心里有些不情愿，拖着不想完成。克服拖延症，可以学习几个小方法，比如，不要想着今天的事明天再去做，立马开始去做，不要犹豫。

你之所以付出了许多努力，却还是一事无成，或许，是因为你一开始就把时间浪费在了你不擅长的地方上，却浑然不知。你需要进行改变，调整自己，然后重新作出合适的选择。

从来没有轻而易举的成功，你只有奔着自己的目标，踏实地默默努力，才有可能得到自己想要的一切。

从来没有轻而易举的成功，

你只有奔着自己的目标，

踏实地默默努力，

才有可能得到自己想要的一切。

FIVE

不迷茫，
活成自己喜欢的模样

不必去做一个人人
都喜欢的姑娘

I

邻居家的梅梅每次放假都喜欢来找我玩。我从镇上回来的时候特别喜欢带"羊城饼屋"的蛋糕和面包，价格稍微有点贵，但味道真的是美极了。只要梅梅在，我都会分给她一大块。

梅梅拒绝了我的蛋糕，并说："十三姐，不用啦。你吃吧，你吃吧！"

我说："梅梅，怎么了？赶快吃呀，味道可好了。"

梅梅看了我一眼，又看了自己一眼，说道："十三姐，你不知道，现在我快烦死啦！我妈非得让我减肥，说我再胖就快变成一头猪了。"

我看看梅梅，确实肉肉的，但也不至于胖成一头猪。我说："你正在念高三，身体消耗量大，减什么肥啊！小心贫血，头晕。"

梅梅说："十三姐，我现在一顿饭就只吃一碗饭，看到红绕肉，口水都流出来了，做梦的时候都梦见我在吃烤肉，可香了。"

我说："减肥这件事，是那些体重超标影响到健康的人才需要去做的事，你又没有胖到那种程度，减什么肥呢。我总是被说，十三，你这么瘦，像根竹竿一样，一点曲线都没有。要不就总是被说，十三，你这么瘦，男生肯定不喜欢抱你，男生都喜欢肉肉的女生，说的好像瘦子长肉就是讨男生欢心一样。所以，你不需要那么在意别人怎么说。"

梅梅听了我的话，说："十三姐，你说的好像有道理，我决定还是要多吃点饭，毕竟学习需要健康的身体。"我说："快吃蛋糕吧。"梅梅接过蛋糕，和我一起吃了起来。她说："十三姐，你没骗我，蛋糕真的好好吃。"看着梅梅露出来的笑容，我心里涌出一股暖意。

II

我有一个发小，名字叫娟娟，她初中没念完就辍学了。知道她没再继续念书，我有些难过，我说："以后都不能经常见到你了。"

她说："没关系啦，我会想你的。你知道，我念书真的是不开窍，我决定出去打工。"

娟娟念书不咋地，做农活却和她妈妈有一拼。娟娟念小学的时候，不管是喂猪，挑干柴或者做饭，都做得样样顺手。到了念初中时，她春季下田去栽秧，秋季割谷子，在家里做早、晚饭，活计做得可麻利了。

只比她小一岁的我，和她真的是不能比。念初中的时候，我能够煮煮饭，打扫一下卫生，能够把房间整理好，把自己的衣服洗干净，这就真的很不错了。我觉得没什么，我妈却不乐意了，她经常念叨："十三，你怎么什么都不会？你看看人家娟娟，样样会做。"

我不高兴了，对她说："她念书没我好啊，我好歹高中不用花钱就能上一中重点班，怎么也不见你夸我一句，你让娟娟当你女儿算了。"

我妈听了我的话，有些生气地说："你这孩子，还说不得你了，念书再好，也要会做活计，什么都会才好啊！"

我虽生在农村，但很多活计我并不是样样做得来的。比如，我从来没有下过田，更别说去栽秧、收谷子。要是让我去挑柴，我也是不行的，因为我力气太小了。

除了我妈、我奶奶，还有其他亲戚，也喜欢说："十三，你看某某家孩子多会做家务事，你怎么就……"听到这样的话，我就感到很难过，为什么总是拿别人家的孩子来和我作比较？

城里的家长拿着别人家学习好的孩子来和自己的孩子作比较，农村的家长拿着别人家会做农活的孩子来和自己的孩子作比较，说的就好像自己家的孩子不是亲生的似的。

III

什么时候，我们在众人之间，都必须得留下些什么都会的印象？我们做事小心翼翼，希望自己能够长成一个人人都喜欢的姑娘，最好十八般武艺样样精通，还要美丽与才华并存。

但是，姑娘，我们不需要这样，不用讨所有人欢心，不用做人人都喜欢的姑娘。我们清楚自己要做什么、喜欢做什么，比什么都重要。

我们都知道生活不是童话，没有那么多的白马和鲜花，骑白马的不一定是王子，也有可能是唐僧。

大家都说"女为悦己者容"，但是，我想说，就算没有人能够时时刻刻关心我们、欣赏我们，我们也要学会"为自己而容"。

IV

每个人都是渴望飞翔的孤鸟，我们都曾形单影只，不知所措，迷茫彷徨，都曾畏惧雨露风霜，就算跌断翅膀，也始终渴望飞翔。十三也不例外，一路走来，也曾孤单，也曾畏惧，也曾无比渴望远方。

小时候，总是听长辈教导说，十三，你应该这样，十三，你应该那样。但每一个孩子终究是要长大的，终究是要飞向属于自己的天空，终究是要找到自己的方向，长辈们又如何预知未来呢？

如果你的心蒙上了一层尘埃，那么整个世界也会变得黯淡无光；如果你的心明澈如清水湖泊，我相信，终有一天，你会闪闪发亮。

当青春之歌唱响，当奋斗的号角奏响，你决定好了吗？你要怎么启程，抵达你的心之所向？我知道，一路走来，我们偶尔也会在在当下纠结、迷茫。但我始终相信这句话：如果你知道你要去哪里，全世界都会为你让路。

用一次一个人的旅行
治愈一次心伤

◣

I

就在前几个小时，我终于抵达了这座城市。

下车的时候，一场大雨困住了我。我看着人来人往的街道，看着不同人不同的表情，忽而感觉，原来每座城市都有它的悲欢离合。

这次旅行，没有出省、没有跨国，只是从一座城市辗转到另一座城市，一个人，一个背包，一套换洗的衣服，短短的几天，却似乎积攒了许多想要分享的东西。

有人说，旅行是因为厌倦了一座城市，所以想要逃离到另一座城市换一种心情。也许，旅行是想要治愈心灵的感伤。

生活总有太多不尽如人意，时间久了，我们的心会生病。此时出去旅行一次，你会惊喜地发现，原本难过的心，没有那么难过了。

II

认识西西姑娘也是在这次旅行中，我们上了同一辆公交车，抵达了同一个地方。西西姑娘看起来和我差不多的年纪，说着一口好听的普通话。

女生之间的熟悉来得很快，西西姑娘和我聊了起来。加上我有些自来熟，所以我俩很快就能说到一起。

西西刚刚大学毕业，所以来云南旅行，只是本来说好的双人行变成了一人行。

西西说，她从许多明信片和纪录片里被云南的景色吸引，她和M先生约好要一起来一场毕业旅行，只是没有想到，曾经说好的两个人却变成了一个人。

西西和M先生是大学里的恋人。西西大一的时候参加了迎新晚会的舞蹈表演，M先生被西西柔软的身姿吸引，M先生形容西西，像一只翩翩飞舞的蝴蝶，美得令人心醉。

晚会过后，M先生给西西送了一大束花并留下了联系方式，两个人就从那开始有了交集。M先生有着不同于同龄人的成熟和体贴，让西西倾慕不已。在无数聚餐和约会中，两个人自然而然地走到了一起，成了恋人。

M先生能说一口流利的英语，外貌出众。西西除了是旅游管理专业的学霸女神，还多才多艺，会跳舞、会写诗。在同学眼中，西西和M先生是郎才女貌特别般配的一对。两个人，无论家庭，还是学识，都有一种势均力敌的感觉。两个人各自努力，又共同成长。

就在西西和M先生约好毕业后一起努力打拼，共同建造一个真正属于他们自己的家的时刻，M先生一声不吭出国留学了。当西西终于联系上M先生时，M先生说了一句"对不起"。

西西通过M先生的朋友得知，M先生和他父亲世交的女儿一起去的纽约，那个女孩同样自带光芒，非常优秀。

西西不知道为什么M先生能够舍弃和她四年的感情，在毕业的时候悄无声息地上演了一场分手的戏码。西西说："其实，也不算分手。"M先生在电话里说："西西，你等我三年，三年以后我一定会回来娶你。"只是那一瞬间，西西对M先生的所有信任全部溃散了。

一场隐瞒，一场分离，一场心伤。西西说，她突然明白，不管什么时候，不该对男人抱有太多希望，希望得到的越多，到最后，越容易失望。

III

与一般失恋的人借酒消愁或者封闭自己不同，西西虽然心里很难受，但仍然决定完成约定中的旅行，只不过变成了一场一个人的旅行。尽管没有了M先生，西西还是选择了云南。

飞机抵达云南昆明长水机场的那一天，天空呈现出令人心醉的蓝。西西说，看着云南蔚蓝色的天空，她的心仿佛不治而愈了。

在昆明玩了几天后，西西开始去周边的小城市。我们相遇了，在江川。

抵达阳光海岸的时候，眼前的湖泊清澈见底，在岸边，有一家三口带着宝宝玩耍的，也有下水摸鱼的孩子，还有穿着比基尼游泳的少女。

眼前的一切宛若童话，湖心的小岛有着令人向往的神秘。那一秒，就连我积累许久的坏情绪也烟消云散了。我的心就像面前的湖泊那样，只剩下点点涟漪。

西西和我分享了许多关于她的事，我也和她分享了我的故事。缘分真是一个奇妙的东西，它让不相识的人相遇，然后有了故事，有了回忆。

第二天，我继续我的旅行，而西西要抵达下一站——大理。告别的时候，我去车站送西西。西西笑着说："认识你，真好。"

我说："加油，我们都会幸福的。"不需要多少言语，简单的几句就足够。

其实，每个人在人生的路上，难免会遇到雨雪风霜，冬寒酷暑。但是，只要学会爱自己，又有什么是不能面对的呢？我们原本就可以比想象中还要勇敢、坚强。

IV

年少的时候，我们总期望有一天，拥有一台单反相机，有足够的人民币，可以飞往想要抵达的美景所在的地方。

但生活总是变化莫测，不知道哪一天，我们的心突然就受伤了；不知道哪一刻，我们突然就想要逃离了。

也许，每个人的旅行都有不一样的意义。

我希望你不要犹豫，若你想要走走，想要换一种心情，不要在意抵达的风景是否美得如诗如画。愿你能够呼吸不一样的空气，愿你能够有新的遇见，愿你能够用一场旅行，治愈一次心伤。

我们的心，需要安抚，需要好好安放，然后，再继续上路。

如果在小城镇，
我要像这样肆意地生活

I

大城市的华灯初上和车水马龙确实令人向往，繁华的都市生活，觥筹交错的宴会，令人着迷的锦绣华服，摩登女郎摇曳的身姿、迷离的眼神和玫瑰一样的唇色更是别样的风景。

那里，时时刻刻都充满着竞争与机会，若你有实力、有能力，若你能赶上一个好时机，你就很容易从人群中脱颖而出。你也可以用几年的时间来证明自己，升职加薪，还可以从这个公司跳槽到那个公司，体验不一样的工作内容和工作环境。

你不用担心温水煮青蛙的模式消磨自己的斗志，让自己失去生活的热情。你觉得，你这一生并不是碌碌无为，你虽然平凡但是可以过不平凡的生活。

你可以享受最奢侈的物品、最高级的服务，你可以随时飞来飞去，从这个城市到那个城市，从这个国家到那个国家。

你可以来一场说走就走的旅行，享受巴厘岛的浪漫、希腊圣托里尼蔚蓝色的天、日本的温泉度假酒店、加州的阳光等。

但你不幸是在大城市里苦苦打拼的一个人，每天早早起床，随手抓一个面包，生怕自己错过早班公交车或者地铁，怕自己上班迟到。你一个人或者和几个人合租在一个廉价的出租房里，每个月算计着水电费要怎么从自己微薄的薪水里省下来，你穿不起香奈儿，也买不起阿玛尼。

每次路过橱窗，你望着限量版的高跟鞋满心渴望；你也渴望拥有一只不沾杯的口红，却连买一个曼秀雷敦的唇膏都犹豫了又犹豫；你看着大屏幕里的神仙水，看着兰蔻、海蓝之谜，却连一瓶大宝都是省了又省地用。

你的衬衫洗得发旧，你的鞋子穿到脱胶，你挑水果的时候只敢挑那些看起来还没完全烂透的……你不停地努力，不停地工作，不停地赚钱，不停地省钱，就是为了能够多往家里寄一点钱。

爸妈打电话问你过得好不好的时候，你在电话里开心地说："过得可好了。"可是挂断电话，你蹲下来抱着自己的腿哭了，你觉得你一个人就快撑不下去了，你觉得你真的快要放弃了。你甚至开始怀疑自己的坚持，怀疑自己的梦想是不是只是梦梦、想想。

II

小城市里的他，或许每天就是懒洋洋地去上班、喝茶水、看报纸，下班后看看新闻联播，帮老婆捡捡毛豆、青菜。运气好的，当个小领导，写个小论文评评职称，甚至都不知道论文格式是什么，写年度工作报告的时候，胡乱去网上抄一篇，改改名字、时间与地点，也就那么糊弄过去了。

年轻的她或许找了一份不怎么样的工作，靠着自己的美貌嫁了一个家境不错的人。结婚以后，她就在家带带孩子、煮煮饭，运气不好，老公出轨了，孩子也不听话，自己也变成了一个黄脸婆，从一个温柔的女人变成了一个咄咄逼人的怨妇。

在时间的长河里，她忘了收拾自己、保养自己，只想着为老公、孩子付出，却忘了女人不管活到什么年纪，都要好好疼爱自己。

或许，闲暇的时候，她就和邻居搓搓麻将，和大妈去跳跳广场舞，聊聊东家长西家短，一天也就那么过去了。每个月领着固定的家用，已经忘了自己当初的梦想。此时的她，比起看书更喜欢看电视剧，比起去健身房健身，更喜欢无休无止地吃，还大言不惭地说胖是富贵相。

III

有人说，在大城市里好，因为可以找到适合自己的工作，选择多。有人说，小城市好，因为小城市竞争力不强，节奏不快。其实，无论在哪里生活，你都需要去努力，需要去奋斗。

　　像许多年轻的姑娘一样，我也向往大城市的繁华，向往大城市多姿多彩的生活。但如果要真要我选，我还是要选择在小城镇里生活，因为我更喜欢小城镇的人情味和悠然时光。

　　我要在小城镇里过平凡的生活，把每一个普通的日子都过成诗。

　　所以，如果在小城镇里生活，我要像这样肆意地去生活：

拉开窗帘，呼吸新鲜的空气，感受温暖的阳光

　　不管生活里遇到多么糟糕的事情，都要学会勇敢面对自己，勇敢地去解决问题而不是逃避问题。我们不要关闭自己的心房，要去感受每一天的阳光，像向日葵一样面朝太阳，充满正能量。

去乡下家里小院摘绿色蔬菜，自己动手做美食

　　随着科技的进步，我们吃的越来越多的都是大棚蔬菜或者转基因食品，很多食物都是撒了肥料、喷洒了农药的，我们很少能够吃农民伯伯亲手种的天然的绿色蔬菜，总是担心吃了会生病或者营养不够。

　　自己动手去摘蔬菜是一件惬意的事，可以感受田野的风光，可以好好放松自己，也可以感受烹饪美食的趣味。喜欢吃什么菜就做什么菜，感受烹饪的每一个步骤带来的乐趣，而不是随便吃个快餐打发自己，草草了事。

去乡下草地上坐下来感受星光的璀璨，看萤火虫飞舞

现代的快节奏生活，让我们很少能够观看自然夜色的美丽，聆听蛐蛐的鸣叫，城市绚烂的灯光也掩盖了星空的美丽。如果在乡下，可以坐在草地上，抬起头就能看到最美的星光。夏天的时候可以看见萤火虫，可以看到荷田里的荷花，摘一支插在花瓶里，乐趣无穷。

带着爱人和孩子去乡下陪父母过节，一家人在一起吃团圆饭

特别喜欢乡下的春节，热闹、有年味，喜欢看小孩子拜年讨压岁钱的模样，喜欢帮着父母做年夜饭、打下手，喜欢看着父母看到自己和爱人回去的欣喜模样，喜欢听父母的唠叨。喜欢看父亲与爱人喝小酒划拳争输赢，喜欢邻居来做客，说说家长里短，能够感受到最真实的烟火味，感受到最朴素、最温暖的感情。

好好工作，偶尔来一场放松身心的旅行

虽然我们生活在小城镇，但只要一有时间，我们就可以多出去走走，去看湖光山色，去欣赏旖旎风光，去感受各个地方的历史文化、人文特色，尝遍各地美食，让自己的生活变得更加丰富多彩。

坚持自己的兴趣爱好，学习一门技艺

无论是写字品茶或者绘画插花，亦或是摄影、打球，或者烹

饪，我想，坚持兴趣，学习技艺，是为了让我们的世界更多彩，让生活更有趣。我们可以在这个过程中愉悦身心，还能交到更多志同道合的朋友。

我相信，只要我们愿意努力，就可以过上自己喜欢的生活，肆意地生活下去。

分手以后，
我们不能再做朋友

I

少女时代的我，一直以为分手以后的两个人是可以做朋友的，我也见过分手以后确实还能够做朋友的情侣。可是，一直到我的第二段恋爱结束我才知道，分手以后的两个人是做不了朋友的。

分手以后，我和他形同陌路。

G君是我的第二位前任，我们是姐弟恋，我比G君大一级，年龄上也大几个月，算起来我是他的学姐。若不是我写这篇文章，我似乎快忘了我的生命中曾经出现过这么一个男生，在我最暗淡的岁月里给过我一丝温暖，像一束光照进我的生命。我像落水的人一般抓住最后一根浮木，却没有想到会陷入另外一个深渊。

在没有和F君相爱之前，我一直以为G君会是我生命里的最后一个男人，我的一切会随他变得不一样。但现实证明，一切都是我的一厢情愿。

G君是在我的感情空窗期里闯入我的生命里的，故事的一开始就是我并不喜欢他。可是，谁知道后来我居然爱上了他，为他哭到痛彻心扉，差点撞死在马路上。

分手很久以后，我无意间听到庄心妍的歌曲《再见只是陌生人》里的一句歌词，"其实我，想要的并不过分，爱过你，至少我坦诚承认"，我的心百感交集。

在开始一段恋情之前，谁会想过，此时眼前亲吻你、拥抱你的人，认真而无比虔诚地说着"我爱你"的人，后来只是成了你爱过的人。

II

即使现在我和F君相爱，但在他面前，我从未避讳爱过G君的事实。虽然我和G君的恋爱并不长久，虽然后来我们形同陌路，但我从来没有否认过自己曾经爱过他的事实。

G君开始向我告白的时候，我一点都没有放在心上。他说，他要追我。我说："学弟你真幽默，放着貌美如花的学妹不追，来追我一个过气的老学姐，你这不是逗我吗？"

G君再次强调："学姐，我就是喜欢你这种类型。"到了后面，他突然打了一行字："十三，我是真的喜欢你。"听他提到我的名字，不知道为什么，我感觉怪怪的。

寒假过后，开学的时候已经开春了，但天气依旧很冷，由于从温暖的家乡来到北方，换了地方，我很不适应，没逃过感冒一劫。我不知道G君是怎么知道我生病的，当我和他第一次正式见面的时候，G君把手里的感冒药递给我。那一天是下午，阳光有些刺眼，他把感冒药递给我后，走得飞快。我看着他的背影，感觉心里怪怪的，我什么时候也会接受别人的关怀了？

那段时间我确实挺闲的，晚上经常和他聊天。后来他约我吃饭，在他第三次邀请我的时候，我答应了和他去吃饭。后来我才知道，人的很多感情就是在饭桌上培养的，只是那个时候的我太愚钝。

我发现，我并不讨厌G君，所以我经常答应和他去吃饭，去约会。其实，不过就是去轧马路，去街上溜达，去逛书店，去逛公园。印象最深刻的一次，我和他逛公园的时候看到有人在策划告白活动，有爱心蜡烛、蛋糕，当时就想，我是不是也应该开始一段恋爱了。

那一天我和G君道别的时候，G君握住我的手，眼里含着泪说道："十三，你就答应做我女朋友好不好？"那一瞬间，我的脑海里闪了一下F君的笑脸。若是没有F君，是不是我就不会犹豫了？那天，我还是没有接受G君的告白。

III

学校放假的时候，G君约我去大理。或许是我内心一直对大理充满好奇，所以我答应了G君的邀请。那天，我们没有买到火车坐票，只买了两张站票。将近4个小时的路程，G君一直站着，我还好，不用站太久，因为可以和邻座的女生挤一挤。

G君说："你有没有听过一句话，一个人的丽江，两个人的大理。"我问："什么意思？"G君说："丽江是用来寻找艳遇的，大理是恋人们去的地方。"他那么说的时候，我忍不住笑了一下。我是第一次去大理，G君是第二次，他对大理基本熟悉，带我去了古城。我们两个人去吃了木瓜水、凉粉，很便宜，才几块钱，但吃得很开心。

古城玩够了，他又带我去了洱海。G君租了一辆单车载着我，绕着洱海看风景。其实，那个时候也挺难为他的，四月的天很热，他还要载着我，因为我不会骑自行车。上大学以前，都是F君用摩托车载我的，我什么车都不会骑，也没有学过。

那一天，阳光明媚，洱海的风很大，我穿着紫色鸢尾花裙，裙摆很大，我站在洱海的岸边，G君给我抓拍了一张照片。照片上的我，长发飞舞，笑容灿烂。那时的我从未想过，美好仅仅是一瞬间而已，他只是路过了我的世界。

从大理回来以后，我和G君恋爱了，他像得到糖果的孩子一样，很开心。回想和他恋爱的开始，我总觉得有些荒唐，都不知道怎么开始的，也没说过我愿意，或许是行动默认了一切。

IV

我开始创作第一本小说的时候，刚好是在G君告白前不久。后来，他知道我喜欢写作，时不时地也会和我聊聊。有时，我遇到写作瓶颈的时候，也会和他探讨一下情节。

我和他继续约会、吃饭，他从最初热情饱满，变得越来越漫不经心，越来越冷淡。我对他的态度，却从开始的冷淡变得越来越上心。记不清那天发生了什么，我在路灯下抱头痛哭，G君在一旁安慰我。那个时候，他说："十三，你还有我。"听着那一句话，我睁开朦胧的双眼，看着他的脸，突然觉得，他是从来没有过的陌生。

G君待我很好，但就是不知道哪里欠了一点什么，说不清楚。后来，变成了我约他吃饭，他态度上变得有些不耐烦，他说："十三，我真的很累，你可不可以自己一个人去。"我一向敏感，自知他的态度已有所转变。再后来，我忍不住提了分手。第一次，他没同意；第二次，他同意了。

我才明白过来，那一刻，我已经失去了他，分手的那个下午，我逃了两节班主任的晚课，在宿舍阳台上哭得心都碎了，从来没有那么伤心过。原来，你想知道你爱不爱一个人，看看你会不会为他哭就知道了。

爱是美好，也是伤害。

过了几个星期，我终于忍不住提出对G君的挽留。那是我对她的第一次挽留，也是最后一次挽留。G君说："我们还是不要再继续下去了，我们没有以后。"那个时候，我无比认真地以为G君会是我生命中的最后一个男人，我以后会嫁给他，我们会有自己的家、自己的孩子。谁知道那只是我一个人的一厢情愿而已。

G君说："十三，我们以后还是可以做朋友，你有什么不开心，还是可以和我说。"我说："我们就这样吧！别再说什么了。分手以后还做朋友，算什么？"那个晚上，我又在被窝里哭了一场，待我没那么伤心的时候，我删除了一切关于G君的联系方式，包括和他有关的所有照片，什么都没有了。G君在我这里留下的，除了一段回忆，还有一本我们一起去书店他送我的席慕蓉的诗集，再没有什么别的了。

我和他的恋爱，来得快，去得也快。分手以后，我把及腰的长发去理发店剪得用头绳都扎不住了，算是和过去告别，我要从头开始。

新学期开始，我又和他打了照面，他没和我打招呼，我也没有理他。我从他身旁走过，骄傲而面带微笑，看他的时候如同一个路人，就好像我和他的那段恋爱只是一场荒唐的梦。

V

有人问："十三，分手以后还能不能做朋友？"没和G君恋爱之前，我一直认为可以，和G君恋爱以后，我认为不能。因为朋友意味着，在你难过的时候，对方可以逗你开心；你想去玩，想去吃好吃的，对方都可以带你去；你委屈了，对方可以为你出头；你受伤了，对方可以安慰你。分手以后，如果还能做朋友，只能说明你们没有爱过或者爱得不够。

和F君相爱以后，我和F君吃饭，F君低头的时候，我忽然想起我的闺密，她说："十三，G君低头的时候很像F君。"G君个子不高，长相白净清秀，F君个子很高，五官精致，每个侧面都很美，那一瞬间，我才意识到，我之前爱上了G君的什么。

自打F君离开我以后，从此，我喜欢上的每一个人都像他。有时候是性格，有时候是侧脸，有时候是背影。

我终于明白，G君拥抱我的那一瞬，恍惚间，我以为是F君。F君他终于回来了，对我说："十三，余生，我还你幸福。"

后来，F君说："十三，我是来还债的。"我说："你慢慢还，最好连下辈子的也还清。"

我生命中的前任们，谢谢他们的出现和离开，让我做了一场以为爱情可以地老天荒的梦，我在梦里学会了成长。

我们都渴望活得洒脱开朗，却总是敏感自卑

I

三十岁的陈意涵，元气十足，她几乎把生活过成了女生们都喜欢的模样——运动，流汗，吃美食，去旅行。

如果有人问："你最想活成什么模样？"我想，我也渴望能够活出陈意涵一样的模样，并不是事事都要做到和她一模一样，但是要像她一样拥有阳光般的心态和灿烂的笑容。

已过三十岁的她，皮肤依旧保持得如同少女一般，就像刚剥开的鸡蛋一样嫩滑。从关注她的微博开始，就发现她的每一天都充满正能量。特别是自拍里的她，不仅素颜出镜，而且笑容甜美，三十岁依旧如同十八岁一样，似乎永远不会老去，永远都是少女的模样。

II

偶像的意义到底是什么？我想，在这位姑娘身上诠释得淋漓尽致。

浮华星光之下的娱乐圈暗藏着多少不堪与苟且，多少明星为了名利不惜欺骗粉丝，行走在道德边缘。

但确实有些偶像能够被称得上真正的偶像，他们不仅靠自己的能力赢得了观众的心，而且一直在向大家传播正能量。比如幽默风趣的主持人汪涵，还有模范夫妇邓超和孙俪等等。我们在他们身上看到了许多美好的特质。

他们之所以不是平凡之人，因为他们要学习的更多、承受的更多。他们同时也只是平凡之人，因为他们也要过自己的家庭生活，也有家庭的琐碎，有自己的爱情，有自己的婚姻，有自己的孩子。他们同是子女，同是父母。

如果偶像不仅仅是偶像，而是值得学习的榜样，我们追星是不是也会变得有意义了？

三十岁的陈意涵，依旧保持着一颗少女心，依旧做着那些敢于突破自己的事，扎辫子头、裸泳、跳水、亲吻陌生人，每一件事都是一个个小的挑战，也是一次次自我突破，都是勇气的证明。有时候，年轻不仅仅在于年龄上的年轻，更在于有没有一颗年轻的心、一脸明媚的笑容。

III

再看看同为90后的郑爽姑娘，从一个偶像剧女主角到如今的人气偶像，她的一路成长无不折射出许多90后姑娘身上的影子。

我们是不是也会像她一样，爱一个人曾经卑微到尘埃里去，总觉得自己在喜欢的那个人面前不够漂亮、不够美好。郑爽曾公开承认自己为了张翰去整容，她觉得自己配不上张翰，觉得张翰太优秀。

尽管后来她的容颜不再是当初那个清纯可爱的模样，顶着一张近似网红的脸，但我们并没有因为她这样就不喜欢她，反而更加心疼她。

这个姑娘从小就背负着家人的期望，所以显得格外拼命。我看一些关于她的文章，发现她时刻逼着自己减肥，是为了自己的面子，因为她总是在意别人的眼光，怕自己不够漂亮。在《花儿与少年》里，我们看到了一个事事为别人考虑，认真在意每一个小细节，希望让别人开心的郑爽。在《旋风孝子》里，我们又看到了一个特别孝顺的郑爽，看到了她真实可爱的一面。

这个姑娘害怕长大，害怕自己做得不够好，担心父母老了，自己还没有做到他们期望的模样。许多姑娘是不是也像她一样，总是担心这里、担心那里，害怕自己做得不够好，害怕自己不够出色？

IV

我们喜欢郑爽，或许是因为我们在她身上看到了自己的影子，有时候，我们心疼她就像心疼自己一样。

作为90后的一员，我们面临着从年少向成人的过度，但是年龄的增长并不等于真正的成长，也不意味着真正的长大。

长大，意味着我们要承担更多的责任；意味着我们要独立，不仅是经济上的独立，也是人格上的独立；意味着我们必须从校园的象牙塔里走出来，走进社会的大流中去；意味着我们要面对更多的挑战。

我们马上就毕业了，面临找工作的问题，不是每一个人都能够找到一份自己喜欢的工作。现实的残酷，让优秀的人更加优秀，让脆弱的人更加脆弱。作为女孩子，面对的挑战也更多，承受的压力也更大。

我们不仅渴望能够撑起自己的一片小天地，也渴望得到更多尊重与包容。我们渴望美好的家庭，也渴望自己能够做出属于自己的一份事业，同时又害怕辜负了家人的期待。

V

毕业了，我们更迷茫，也更孤独，我们要不断地去学习，成长为一个真正有担当的人，成为一个更加谦和、内敛的人。

家境好的同龄人，或许在成长的道路上相对容易一些；家境一般的朋友也不要气馁，要更加努力地去学习，去锻炼自己，提升华自己。

　　或许正是现在的一点一点的努力，让我们将一颗玻璃心练就为一颗钻石心。或许多年后的我们，也会成为像陈意涵那般热爱生活的姑娘，每天都拥有灿烂的笑容。

学会尊重别人，
那是修养也是教养

◁

I

有一个朋友对我说："十三，你的文章居然还被读者骂，可怜我的文章都没人评论。"

在朋友看来，似乎被读者骂是一件值得高兴的事，似乎那样能够证明你的文章还有人关注，尽管是负面的评说。

作为一名作者，或者是作为一名文章的原创者，我想说，没有谁希望自己辛辛苦苦写好发布出来的文章被骂、被曲解。那种感受就像，明明你没有做错什么，却被人误解了一样。我想很多作者对于读者的责骂或者误会一般不想作出回应，或者是跳过读者的问题，这并不是不想回答或者在逃避，而是他觉得没有必要向你解释什么。

因为，很多时候，作者只是在表达自己的观点而已。

从小我的母亲就教育我"不要和别人吵架"，说一句真心话，我长到20岁了，确实不会和别人争吵，就算被人家骂了，我也不会去解释。这并不能说明我是懦弱的，而是我觉得吵架并不是什么好事，也不能解决问题。

大多时候，忍一忍就过去了，但如果忍不了，吵架的后果可能会很严重，可能是两败俱伤，或者还要牵连什么无辜的人。我想，那样的结果是大家都不希望看到的。

所以，有时候，沉默是最佳应对方式。因为你的沉默，很大程度上可能避免了一场伤害。

II

有段时间，我感觉很委屈，因为我很用心地写好一篇文章，有读者评论说："十三，你是抄袭别人的。"还有读者评论说："十三，你的文章题目是抄袭的吧？"因为这篇文章标题有些犀利，文章内容被很多读者喜欢并评论，所以有些读者就会潜意识里觉得："你并不是什么出名的作者，怎么可能写得好，肯定是抄袭人家的吧？"就因为拿来作对比的那一个作者的书很畅销，他很有名气？

我一直安慰自己，十三夜，你可能真的想多了，或许读者也不是那个意思。我很委屈地跟F君抱怨道："我很用心写的文章有读者说我是抄袭的，我很伤心。我写的有一篇文章叫《你追求的稳定，不过是在浪费生命》，有个作者的书叫《你所谓的稳定，不过是浪费生命》，有读者说我是抄袭。被读者指责抄袭比被读者说我写的是一篇烂文还要难受。"

在那个读者评论之前，我都不知道有那么一个作者出了那么一本书。虽然有时候我喜欢写励志文，但私下里我很少看励志书什么的。我的爱好是言情小说，喜欢看情情爱爱的文字，也喜欢看韩剧，喜欢幻想，也喜欢浪漫。

当然，我从来不会跟别人说我到底读了多少书，读了什么类型的书。我想，有些东西是不需要解释的。

F君说："十三，你听过一句话吗？你不用在意他们说什么，清者自清。"有时候，我不得不承认，F君说的话特别到位。

其实，很多时候，我们还是在意别人说了什么。毕竟没有人希望自己被别人指责、谩骂和误解。

我向我的老师提起这件事，老师说："十三，你能写出这样的文章，已经比几年前的你进步了。你还年轻，屈原有句话叫'路漫漫其修远兮，吾将上下而求索'，你好好去体味。"

关于那句话，以前中学的时候也学过，我自己的理解是，路还长着呢，有很多东西需要去探索、去摸索。关于写文章也是，路还长，我还年轻，我需要去总结、去归纳、去发现。

III

不管是读者的话，还是朋友的话，抑或是F君和我老师的话，其实，都是在表达自己对一件事的看法。关于我提出"文章被骂"这件事，朋友觉得挺好的，是件高兴的事；F君安慰我，做好自己就可以；老师鼓励我，路还长，没关系。同一件事，不同的观点，带给我的影响是不一样的。

我们从会说话的那一刻开始，就被赋予了言论自由的权利，你可以说自己想说的话，但是我们都是生活在社会上的人，我们必须受社会道德的约束，不能随便说话。因为我们从小就被教育"饭可以多吃，话不能乱讲"，有时一句看似漫不经心的话，会毁掉多少人，或是招来多少祸事。

这世上并没有所谓的感同身受，你不是我，所以你不知道我的心有多疼。

IV

有个同学长得很胖，她说很冷，其他同学嘲笑道："不是说胖子都不怕冷吗？你开什么玩笑啊？"那个很胖的同学听了很难过，而她确实很冷。

有个家里很有钱的同学和他的朋友聚会，他的朋友说："公子，买单的事情就交给你了。"那个有钱的同学说："别啊，我真的没有那么多钱，我妈每个月给我的钱都是有数的。"他的朋友又继续说："公子，你别开玩笑，你一块手表都够我们一年生活费了。"而那个有钱的同学只能买了单，却因此吃了一个星期的馒头。因为即便他家很有钱，但他的父母教育过他，钱不可以随便乱花。

也许，不经意的一句话，你觉得没有什么关系，可是在对方那里却成了负担、成了伤害。

我们都应该知道"谨言慎行"，知道"尊重"。从克制自己开始，从站在别人的角度思考问题开始，希望我们都能够成为"尊重别人并被别人尊重"的人。

你可以表达自己的观点，但你要先学会尊重别人，这不仅是你的修养，也是你的教养。

你就是最好的自己，
不用讨所有人满意

I

梦梦是我大学里的一个朋友，经常深夜和我诉苦。她说：
"十三，我真的不想被那群女生在背后说闲话，我都已经做到那个
份儿上了，她们到底还要怎样？"

原来梦梦住在一个四人间公寓里，她总是被说不合群或者是不
招人喜欢。因为梦梦喜欢每天早上坚持早起，没有睡懒觉的习惯。

梦梦每天早上都要坚持去晨跑，之后要背半个小时的单词，有
早课的时候就去上早课，没有早课的时候就去图书馆看书。时间久
了，舍友很不喜欢梦梦，说她早上起来洗漱的时候声音很大，吵得
她们不能睡美容觉。

II

为此，梦梦觉得很委屈，尽管她每天早上起来的时候已经很小

声了，就连出门都是尽量踮着脚尖怕鞋子太响。她早上也不敢烧热水喝，因为怕烧水的声音太响，就去食堂买一杯热豆浆。可是，她还是从其他同学口中得知舍友在背后说她。什么林梦梦就是个不合群的人，真不知道大早上有什么好折腾的……

梦梦的家庭条件比较好，所以买的衣服和护肤品都是小众的一些牌子货。梦梦每次逛街的时候，都会买一些自己喜欢的衣服。大二的时候谈了一个男朋友，那个男孩子对梦梦挺好的，梦梦对他也比较有感觉。

没多久，梦梦又听到舍友在背后议论她，说她只会要男人的东西，是拜金女。可是，她们不知道，其实梦梦的那个男朋友家庭条件真的很普通，每次梦梦和他出去吃饭都是AA制。梦梦不想自己主动买两个人的单，怕伤那个男生的面子。AA制是为了能够替那个男生省钱，毕竟他是她的男朋友，他家也确实不富裕。

III

梦梦说："十三，你知道吗？我和我的那个男朋友最后还是分手了，你知道为什么吗？"

我说："难不成你嫌弃他了？"

梦梦说："怎么可能。"

原来，刚开始的时候，梦梦觉得没什么。时间久了，梦梦偶尔提及哪家新开的餐厅挺好吃的，哪家衣服的新款真的很漂亮，最近上映的新电影好像挺好看的。每次梦梦这么和他说的时候，那个男生就会觉得梦梦是在炫耀，是看不起他。

梦梦说，其实，她从来就没有想过要他给她买什么，或者让他做什么，他却说梦梦是看不起他，而且都不听梦梦的解释。

梦梦说，这是很严重的问题，因为他就没有真正理解过她，也不明白她的心，尽管她已经做了一切可以做的事，小心翼翼地维护他的自尊。而他呢？身为梦梦的男朋友，却没有考虑过他说那些话梦梦听了会是什么感受，会多难过。

梦梦说，后来，她四、六级英语考试都通过了，司法证书也考下来了。她的那群舍友还是说，你看，林梦梦运气就是好啊！平时看她不怎么努力，每次考试运气却很好。

她们却忘了，在她们追着韩剧、讨论着要买什么东西的时候，梦梦已经在图书馆做完一套题了，还认真地做了几本读书笔记。

IV

后来，梦梦工作了，那些女同事又在说梦梦，说她是不是傍上什么大款了，上班的时候开的车居然是奥迪。梦梦说，那辆车是父亲送给她的毕业礼物。其实，梦梦完全可以不用上班的，因为她家很有钱。

但梦梦不会因为自己家庭条件好就坐享其成。梦梦说，她也想靠自己的努力去赚钱，尽管她一个月的工资可能还没有母亲买给她的一双鞋花费的钱多，但她却觉得很开心。即便那份薪水是那么微薄，却证明了她的价值。

她想和每个同事处好关系，时不时也会给她们带一些精致的吃食或者咖啡什么的，而有些女同事还是会在背后议论说："林梦梦不过是收买人心而已，不就是几杯蓝山咖啡么，至于么？"有一次梦梦去厕所，正好听到她们的对话，梦梦没有过去解释什么，只是努力笑了笑，装作若无其事的模样。

梦梦说："十三，我真的快要烦死了，我要怎么做才可以让大家都满意，让那群女人闭嘴。"

我说："梦梦，你不用去讨所有人欢心，你就是最好的自己。"

生活中有不少像梦梦这样的姑娘，自己努力得来的成果总是被说运气好，孤身坚持奋斗却被说是不合群，漂亮家境好就被说傍大款。总之，不管自己怎么做，总有人议论不止。

V

其实，姑娘，你真的不需要让所有人都对你满意，你不需要去讨所有人欢心。

讨厌你的那些人改变不了对你的偏见，爱议论你的人闭不上那张喋喋不休的嘴，妒忌你、排挤你的人无法停止嫉妒你的优秀。

当然，喜欢你的那些人，自然会一直喜欢你、支持你、理解你。你不用活得那么累，不用在意那么多，因为你就是你，独一无二、光芒万丈的你。

相信有一天，时间会证明，你是什么样的人。但在那之前，除了默默地做好自己手上的每一件小事，你不需要多想什么，不需要纠结什么。因为，你就是最好的自己。

总有一天，
我们要学会与母亲握手言和

◣

I

都说女儿是母亲的小棉袄，最贴心，可S小姐从来不那么觉得。因为从记事的时候起，陪伴她最多的就是外婆，她的母亲对她来说非常陌生。

S小姐没有见过父亲，母亲也只是隔三差五来看看她，每次来都会带一些东西。有时候是一两条漂亮裙子，有时候是一个玩具，洋娃娃或者彩色风车，但她很少和S小姐说话。为了防止她与母亲疏离，外婆总是摸摸S小姐的头说："囡囡乖，妈妈给你带了礼物，你是不是应该谢谢妈妈、亲亲妈妈呢？"

那个时候，S小姐大概七八岁的模样，外婆那么说的时候，S小姐生气了，躲到外婆后面很委屈地说："外婆，我不要跟她好。"

母亲听到S小姐的话，难以置信地盯着她看，有那么一瞬间，她真怀疑S小姐不是她十月怀胎生下来的。

她有些生气地说："你不要跟我好？老娘在外面拼死拼活地工作，就是为了让你过得好。你从出生到现在，吃的、用的，哪样不是我挣的，你这个小没良心的。"她骂人的时候，看起来神采飞扬。那是S小姐长大以后，对母亲的形容。

II

十六岁那一年，S小姐以中考全县第十的成绩考进了当地最好的高中。与此同时，母亲第三次带回了一个男人，她带着那个男人向S小姐介绍道："圆圆，喊叔叔呀！"

S小姐看着母亲与那个西装革履的男人，眼睛里充满了愤怒。虽然从小她就喜欢与母亲对着干，但母亲是属于她和外婆的，她不允许别人把母亲抢走。现在居然出现了一个男人，和她争夺母亲的爱，S小姐绝对是不愿意的。S小姐的心里充满敌意，她背着自己的书包怒气冲冲地走向自己的房间，"砰"地一声把门关上了。

一扇门，似乎关上了两个人的世界。

客厅里的母亲尴尬地向那个男人解释着什么，那个男人理解地回应："毕竟孩子还小嘛，慢慢来！"母亲笑道："也不知她像谁，从小就是倔脾气，不高兴了，就和你对着干。高兴的时候撒娇地让你多陪陪她，像一只可怜的小猫一样，蹭着蹭着地过来。"

S小姐想，她之前对母亲从来都是冷冰冰的。母亲做任何决定，从来都不问一下她的感受，不是不问，是根本就没有考虑过她的感受。

那些男人根本就没有一个真心对母亲好的。S小姐刚念初一的时候，母亲带回来一个男人。有一天，母亲与那个男人起了争执，那个男人说："我可不想和你一起养一个赔钱货，我们以后生一个儿子怎么样？"

母亲说："圆圆很乖，我有她一个就可以了。我相信，她将来也会对你好的，我们不要再生了好不好？"

那个男人似乎生气了，说："那就没商量了，你以为愿意和我结婚的就你一个吗？你不要不知好歹。"说完，那个男人就从家里走了出去。S小姐从房间的门缝里看到母亲在那里偷偷抹眼泪。那一天，S小姐开始对母亲有了不一样的看法。至少，母亲是真心爱她的。

III

S小姐十七岁的时候，喜欢上了一个在酒吧里驻唱的男人。他比S小姐年长很多。他抱着吉他唱《梵高先生》的时候，S小姐心动了，特别是唱到那一句"我们生来就是孤独/我们就是孤单/不管你拥有什么"这几句的时候，S小姐寂寞的生命像是开了一朵美丽的花。

他驻唱结束的时候，S小姐走到他面前介绍道："你好，我叫圆圆。"

"单笙，你好！"

S小姐想到作家张爱玲说的那句话：于千万人之中遇见你所要遇见的人，于千万年之中，时间的无涯的荒野里，没有早一步，也没有晚一步，刚巧赶上了，没有别的话可说，唯有轻轻地问一声："噢，你也在这里？"

像是注定一般，S小姐无可救药地迷恋上了单笙。一向认真努力学习的S小姐，开始逃课，开始撒谎，成绩也一落千丈。S小姐的母亲也被频繁地叫去学校办公室谈话。

开始一两次，母亲只警告S小姐道："圆圆，妈妈知道你一直是一个能够对你行为负责的好孩子。你还年轻，妈妈不希望你将来后悔！"到了后面，母亲终于忍不住了，把S小姐从酒吧里揪了出来，在酒吧外面，母亲给了S小姐一巴掌，并骂道："圆圆，你怎么那么不要脸？你看看这种地方，是你这种小姑娘应该待的吗？"

S小姐反击："难道你又要脸了吗？别以为我不知道你把那些男人带回来就是想让他们当我继父，我生下来就没有见过我的父亲，过去他不存在，未来我也不需要！"

母亲看着S小姐说不出一句话来，圆圆看着母亲，继续说道："别用那种眼神看我，你不是忙你的生意，就是跟那些男人混在一起，我学习差了、逃课了，你被老师叫了，你才想起有我这个女儿，我给你丢脸了是不是？你当初为什么不掐死我，非要把我生下来？"

S小姐看着母亲挫败失落的面容，心里升起了一股快意，第一次，她有了一种胜利的感觉，而她的敌人是她的母亲。

IV

S小姐开始与母亲冷战，她们之间不是大吵就是小吵，为了守卫她和单笙的感情，S小姐更是决心要与母亲对抗到底。那个时候，S小姐觉得全世界都在与她为敌，除了单笙。

单笙帅气、有才华，S小姐看见过他写的歌词：泗水街39街道/姑娘在阳光下奔跑/她在等她的爱人/等不到/猫咪从草丛跑出嬉笑/那年时光正好/轻轻挥手/就能偷走一把时光……

单笙说："圆圆，你不该这么任性的，你知道，我们之间……"

"单笙，难道你敢说你从来就没有喜欢过我？那我们在一起的这些日子算什么？"

S小姐没有得到期望的答案，单笙沉默了。S小姐还没开口，便听到一个悦耳的声音说："单笙一直喜欢的是我，怎么会喜欢你呢？小妹妹，姐姐劝你还是好好回去上课吧？大好的青春，可别浪费了！"

S小姐转过身，看着走来的女人，长发披肩，五官美艳，全身上下，无不闪耀着光芒。那一瞬间，S小姐觉得她输了，不是输给了这个美丽的女人，而是输给了自己的自以为是。

原来，单笙从来就没有把S小姐当过女朋友，也没有说过一句喜欢她的话。他喜欢带S小姐玩，陪她聊天，听她说心事，但从来没有对她动过男女之情。

年少的时候，我们总以为有个人对自己好，能够陪自己聊天，倾听自己的心事，便以为那个人是喜欢自己的，但亲爱的，其实那不过只是你自己一场孤单的幻想。

V

S小姐还没开始恋爱，就觉得自己已经失恋了。她不敢回家，更不敢面对母亲。她怕母亲会用那种"谁叫你不听老娘的话，活该，现在知道错了吧！"的表情看着她，怕母亲用嘲笑的声音说："圆圆，你真的太幼稚了！"

S小姐越想越难过，坐在花台旁抱着头哭了起来，她从来没有哭得那么伤心，直到感觉自己被一个温暖的怀抱抱住。抬起头，才发现，是母亲，母亲心疼地说："圆圆，我们不哭了，都过去了，你永远都是妈妈的好孩子，妈妈知道你一定可以做回那个最好的自己。"

S小姐看着母亲眼角淡淡的细纹，才发现，这个漂亮的女人已经在慢慢变老，而她一直以为她是不会老去的。回到家以后，母亲给她端了一碗银耳莲子汤，微笑着说："多喝点，妈妈熬了许多呢。"

"妈……"S小姐喊了一声，不知道说什么好。反倒是母亲又继续说道，"好了，妈妈知道你要说什么，但是圆圆，今天妈妈想给你讲个故事。"

母亲说，她遇见S小姐父亲那一年19岁，大好的青春，非常崇尚自由，听不进外婆的话。那个时候，她和S小姐的父亲还不是恋人，但她非常迷恋他，他的一切都令她着迷。但是S小姐的母亲没有想到，原来S小姐的父亲还有另外一个女人。S小姐的母亲知道以后和他又吵又闹，那个女人知道以后也是又吵又闹，动不动就用死来威胁他们。

S小姐的母亲实在受不了这样的三角关系，也受不了S小姐父亲的欺骗，于是离开了他。但她没有想到，离开他两个月后，她发现自己怀孕了。她想告诉他的时候，他跟那个女人已经回了老家，准备做那个女人的上门女婿。而更让她想不到的是，命运会那么曲折，他和那个女人订婚后的第二天，就从工地上摔了下来，丢了自己的性命。

S小姐的母亲不舍得把孩子打掉，不顾父母和周围邻居的看法，固执地把S小姐生了下来。S小姐满一岁后，S小姐的母亲把她交给S小姐的外婆带，自己出去打拼赚钱，从来没说过一句后悔。自从S小姐记事起，她便和外婆最亲，而母亲总是在外面忙，这便是整个故事。

VI

S小姐的母亲已经快40岁了，没有再嫁过人，她说："圆圆，我像你这么大的时候，也幻想过自己将来会找什么样的男朋友，嫁给什么样的人，自己穿上婚纱的模样会不会真的像人家说的那种，是一生中最美的模样。但是有了你以后，你就是我最珍爱的宝贝，什么都没有你重要。妈妈知道，这么多年，妈妈都不能好好陪你，可是妈妈要是不出去工作，我们就不能过上好的生活，你也不能够去学校上学。所以，希望你也能够理解一下妈妈。"

一年后，S小姐考上了重点大学，在S小姐去念大学之前，母亲和那个叔叔办了婚礼。就在婚礼前不久的一个晚上，S小姐对母亲说："妈妈，你应该找一个人陪陪你了。"

S小姐的母亲听了S小姐的话，开心地把她抱在怀里，说："谢谢你，圆圆。"

那一瞬间，S小姐觉得自己真的长大了。原来，总有一天，我们要学会与母亲握手言和，女儿永远都是母亲的小棉袄。S小姐真的很想对母亲说："谢谢你，让我来到这个世界，也谢谢你，全心全意对我的付出，你是这个世界上最美丽的女人。"

| 好评推荐 |

年轻人对梦想总是有别样的执着，十三夜选择用写作作为实现梦想的桥梁，她用自己的坚持与细腻，把自己在梦想道路上经历的点点滴滴写成故事，相信这本书能给同样在追求梦想的年轻人一些启迪。最后还是要说：你一定要努力，但千万别着急。

——简书CEO 简叔

知道十三姑娘，是那篇《正因为我是女孩子，所以才那么努力那么拼》。

我自认为是一个很倔强很努力的人，但是读完十三姑娘的文字，我还是不由地心生敬佩——这个女孩子的内心是有一个多么强大的小宇宙呀！

而在看她和读者的互动问答的文字中，我又看到了十三的另一面：

一个充满智慧的姑娘，在热心地帮助求助的小伙伴。

她耐心地把问题抽丝剥茧，告诉迷茫的人每个选择有什么好处、有什么坏处，都一条一条理清楚。

每个人都有人生的选择，十三姑娘让对方自己定。这让我想起了《解忧杂货店》的店主，在尽自己所能帮助别人解决他们的烦恼。

我们很多人做不到，也做不好，但是十三姑娘的文字做到了。

期待你在她的文字中找到力量也找到温暖，因为这两样都是我们忙碌生活里面最缺少的东西。

——个人知识管理专家／畅销书作者 彭小六

一直往前走的那条路不好，磕磕绊绊，荆棘丛生，沼泽碎石，但我希望你手持利剑屠龙，只为曾经的英雄梦想，我们终要成为更好的自己。

——畅销书《感谢你来过我的世界》作者 安梳颜

温暖柔情的青春励志书，让十三夜给为梦想拼搏坚持的你，一个坚持的理由。

——简书签约人气作者 巫其格

她用柔和细腻的笔触写尽青春往事，在书中，仿佛在跟她一起仰望星辰，也迎接生命的盎然天趣。

——简书签约人气作者 紫健

其实想开了什么事情都好过，所以控制自己的情绪最重要，原谅自己才是对他人的最大宽恕，十三姐，我很喜欢你说的话，觉得都很经典，很抚慰人的心灵。

——渐行渐远竹

很钦佩作者的自律，也很赞同一个女生应该学会自己独立，自己思考（虽然我是一个男生），我也热爱阅读、写作，希望我也能一步步走向一个作者的视野。

——程子说

一语道出目标的明确，我正在准备几场考试，所以很能理解"三心二意"的烦恼和困惑。可有的时候只是想看看自己能努力到什么程度，也不想放弃自己的那一点点追求罢了。

——檬乐

嘴上说着我要努力我要怎样怎样，却还躺在床上玩手机。立下了一个又一个目标，却连手机都不愿从手里放下。常立志不如立长志，立了志，更重要的是迈开腿，走出执行的第一步，长此以往，才能快步走向自己的目标。

——喵喵喵喵喵选择困难症

字字珠玑，自己在苦苦挣扎，唯有行动，高喊口号不能解决任何问题！

——双丝芊芊节

感觉在说我，一直说减肥，还是老样子。写得超级好，棒棒哒。一语惊醒梦中人的感觉。

——久而久鹿jy

你看你，一针见血，让我们大家好尴尬……哈哈，好文章，直切痛点，深入人心。

——林间晚夕

曾经大学里的我，就是这个样子。其实，工作后就会好很多了，当然，你先要有对高质量生活的追求。还是喝着和大学时一样的鸡汤，只是离开了象牙塔的保护，各种追求与压力，才让我们去真正吸收鸡汤的营养。

——雨落秋寒